FORMAT DESIGN
版式设计

新世纪版/设计家丛书
ART&DESIGN SERIES
（第4版）

杨 敏 编著

国 家 一 级 出 版 社
全国百佳图书出版单位
西南师范大学出版社
XINAN SHIFAN DAXUE CHUBANSHE

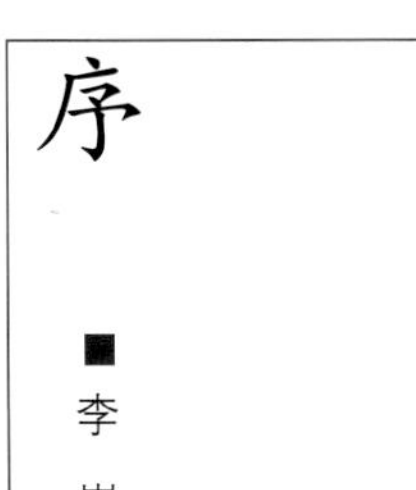

序

■ 李巍

Preface

21世纪是一个新的世纪，随着全球一体化及信息化、学习化社会的到来，人类已经清醒地认识到21世纪是“教育的世纪”“学习的世纪”，孩子和成人将成为终身教育、终身学习的主人公。

21世纪是世界范围内教育大发展的世纪，也是教育理念发生急剧转变和变革的时代，教育的发展呈现出许多历史上任何时期都从未有过的新特点。

21世纪的三个显著特点，用三个词表示就是：速度、变化、危机。与之相对的应该就是：学习、改变、创业。

面对新世纪的挑战，联合国教科文组织下的“21世纪教育委员会”在《学习：内在的财富》报告中指出，21世纪是知识经济时代，在知识经济时代人人应该建立终身学习的计划，每个人应该从四方面建立知识结构：

1.学会学习；2.学会做事；3.学会做人；4.学会共处。

21世纪是一个社会经济、科技和文化迅猛发展的新世纪，经济全球化和世界一体化已成为社会发展的进程，其基本特征是科技、资讯、竞争与全球化，是一个科技挂帅、资讯优先的时代，将是人类社会竞争更趋激烈而前景又更令人神往的世纪。

设计是整个人类物质文明和精神文明的结晶，是一个国家科学和文化发展的重要标志，已不仅创造着今天，也规划着明天。

设计作为一种生产力，对推进一个国家或地区的经济发展有着重要的推动作用。正因为如此，设计也越来越受到世界各国的高度重视，成为社会进步与革新的一个重要组成部分，成为投资的重点，设计教育成为许多经济发达国家的基本国策，受到高度的重视。

设计教育是一项面向未来的事业，正面临着世纪转换带来的严峻挑战。

21世纪的艺术设计教育应该有新的培养目标、新的知识结构、新的教育方法、新的教育手段，以培养适应未来设计需求的新型人才。教师不应该是灌输知识、传授技能的教书匠，而应该是培养学生具有自我完善、自我教育能力的灵魂工程师。

知识经济中人力资源、人才素质是关键因素，因为人才是创造、传播、应用知识的源泉和载体，没有人才，没有知识的人是不可能有所作为的，可以说，谁拥有知识的优势，谁将拥有财富和资源。

未来的社会将是一个变化周期更短的，以信息流动、人才流动、资源流动为特征的更快的社会，它要求我们培养的人才具有更强的主动性与创造性。具有很好的可持续发展的素质，有创造性的品质和能力，已成对设计教育的挑战和新世纪设计人才培养的根本目标。

正是在这样的时代大背景中，在新的设计教育观念的激励下，“21世纪·设计家丛书”在20世纪90年代中期孕育而生，开始为中国的现代设计教育贡献自己的一份力量，受到了社会各界的重视与认同，成为受人瞩目的著名的设计丛书与设计教材品牌。

历经13个年头，随着时代的进步与观念的变化，丛书为更好适应设计教育的需求而不断调整修订，并于2005年进行了全面的改版，更名为“新世纪版/设计家丛书”。

“新世纪版/设计家丛书”图书品牌鲜明的特色体现在如下几个方面：

1. 系统性、完整性：丛书整体架构设计合理，从现代设计教学实践出发，有良好的系统性、完整性，选择前后连贯循序渐进的知识板块，构建科学合理的学科知识体系。

2. 前瞻性、引导性：与时代发展同步，适应全球设计观念意识与设计教学模式的新变化。吸纳具有时代前瞻性、引导性的新的观念、新的思维、新的视角、新的技法、新的作品，为读者提供一个思考的线索，展示一个新的思维空间。

3. 应用性、适教性：适应新的教学需求，具有更良好的实用性与操作性，在观念意识、编写体例、内容选取、学习方法等方面强化了适教性。为学生留下必要的思维空间，能有效地引导学生主动地学习。

4. 示范性、启迪性：丛书中的随文附图是书的整体不可分割的一部分，也是时代观念变化的形象载体，选择最新的更具时代特色与设计思潮变化的经典图例来佐证书中的观点，具有良好的示范性与启迪性。

5. 可视性、精致性：丛书经过精心设计与精美印制，版式新颖别致，极具时代感，有良好的视觉审美效果。尤其是丛书附图作品的印刷更精致细腻，形象清晰，从而使丛书在整体上有良好的视觉效果，并在开本装帧上也有所变化，使丛书面目更具风采。

这次丛书全面修订整合工作，除根据我国高校设计教学的实际需要对丛书的品种进行了整合完善外，重点是每本书内容的调整与更新，增补了具有当今设计文化内涵的新观念、新思维、新理论、新表现、新案例，强化了丛书的“适教性”，使培养的设计人才能更好地面向世界、面向现代化、面向未来，从而使丛书具有更好的前瞻性、引导性、鲜明的针对性和时代性。

丛书约请的撰写人是国内多所高校身处设计教学第一线的具有高级职称的教师，有丰富的教学经验，长期的学术积累，严谨的治学精神。丛书的编审委员会委员都是国内有威望的资深教育家和设计教育家，对丛书的质量把关起到了很好的保证作用。

力求融科学性、理论性、前瞻性、知识性、实用性于一体，是丛书编写的指导思想，观点明确，深入浅出、图文结合，可读性、可操作性强，是理想的设计教材与自学丛书。

本丛书是为我国高等院校设计专业的学生和在职的青年设计师编写的，他们将是新世纪中国艺术设计领域的主力军，是中国设计界的未来与希望。

新版丛书仍然奉献给新世纪的年轻的设计师和未来的设计师们！

前言

版式设计作为视觉设计专业学习的基础课，确实担当了认识理解平面设计思想与方法的基本规则的重任。但世界平面设计的风格演变跨越了几个世纪，伴随着历史性、中西文化、意识形态的复杂性和异同性，所形成版式设计知识内容的丰富性、专业知识的难易性，以及设计实践的体验不足，让更多的设计者感到版式设计的艰难。从这个角度去看，版式设计又是一门具有难度的专业课，甚至需要我们付出一生的时间来体验设计，研究设计，至引领设计。

西南师范大学出版社出版的《版式设计》一书，首次出版于1998年，是国内最早研究版式设计教育的专业教材。此书出版后，四川美院首次开设了版式设计的教学并使用了这本教材，此后才在国内普及并受到高等院校设计专业的普遍认同和订阅。到目前，该教材进行了第四版修订。本书是目前国内研究版式设计领域以及版式教学的专业理论教材，内容包含深度的设计理论观点，丰富的专业知识，以及精准的图文配制。

知识的跨越性。本书不属于版式基础的编排教程，在内容上跨越了从20世纪平面设计风格的历史发展到认识当今的设计文化，由西至东，从现代主义的极简原则、解构主义、包豪斯的构成、国际主义设计，再到后现代对人性装饰的回归，目的是增进学生对一个世纪以来设计观念风格演变的认识，尤其是对当今后现代设计风格的认识以及对中西设计文化在哲学观念审美的差异、融合与创新方面的知识。

知识的丰富性。本书共分九章，包括：版式设计概述、版式的编排构成、网格设计、版式设计的视觉流程、版式设计的编排形式法则、文字的编排构成、图版的编排构成、版式色彩设计及现代版式的设计观念。而每一章都包含了版式设计所涉及的专业系统知识。许多版式设计教材一般未设“网格设计”内容，而网格设计是国际主义设计风格的基本内容，同时它的演变也是当今最具设计价值却又被国内设计忽略的内容。另一个容易被忽略的内容是“版式色彩设计”，色彩是设计中不可分离的重要部分，因此在本次修订中增加了版式色彩设计的内容。

知识的专业性。本书专业性体现在，从版式基础理论到提出深度的设计理论方法，如第五章的形式法则中关于“版面空间”，提出虚拟空间设计的理论、“空间是可以被设计的”观点、版面负空间是最易被设计忽略的盲点，提醒学生对负空间的思考，把负空间当成设计要素进行整体设计。另外，在第九章提出了“多维空间的复合构成”，这一知识点的提出，是对后现代主义模糊、折中设计观念设计作品的解读，帮助学生理解和诠释当今前卫设计。

配图的精准性。精准的配图，以及图片的优质精彩性一直是本书坚持的原则。经典设计作品有助于对设计理论观点精确的诠释，以增进学生对设计的理解，适配经典设计作品也是本书的特点之一。

目录

Contents

第一章 版式设计概述 001

一、版式设计 001

二、平面设计的历史发展 002

第二章 版式设计的编排构成 010

一、点的编排构成 010

二、线的编排构成 015

三、面的编排构成 022

第三章 网格设计 026

一、网格的概念 026

二、网格的作用 026

三、网格的基本类型 026

四、网格的延伸设计 030

五、九宫格网格 034

六、成角网格 035

第四章 版式设计的视觉流程 038

一、单向视觉流程 038

二、曲线视觉流程 040

三、重心视觉流程 041

四、反复视觉流程 042

五、导向视觉流程 043

六、散构视觉流程 046

七、最佳视阈 049

第五章 版式设计的编排形式法则 051

一、单纯与秩序 051

二、对比与和谐 054

三、对称与均衡 056

四、节奏与韵律 057

五、虚实与留白 061

目录

Contents

第六章 文字的编排构成 067

一、字号、字体、行距 067

二、引文的强调 071

三、文字的整体编排 073

四、文字的图形表述 077

五、文字的互动性与生动化 083

六、文字的跳跃率 086

七、文字的耗散性 092

第七章 图版的编排构成 096

一、图版率 096

二、角版、挖版、出血版 098

三、视觉度 102

四、图形面积与张力 104

五、手册的整体设计 107

第八章 版式色彩设计 116

一、版面的色彩对比 116

二、版面的色彩调和 120

三、整合色彩设计 123

第九章 现代版式的设计观念 126

一、强调创意 126

二、强调个性风格表现 130

三、多维空间的复合构成 133

后记 137

第一章 版式设计概述

一、版式设计

版式设计相较于平面设计而言是一门相对具有独立性的设计艺术，研究的是平面设计的视觉语言与艺术风格。版式设计在注重创意的同时，讲究版面编排的表现手段与形式风格的探索，从而避免设计过程的盲目性。这是版式设计的功能，也是我们学习版式设计的目的。版式设计通过对版面基础理论知识全面系统的学习，培养学生对版面审美的认识，锻炼学生的设计技能，为日后设计打好基础。

版式设计的范围涉及包装、广告、报纸、书籍、产品手册、宣传单、公关赠品、网页设计等各类平面设计。它是二维平面设计的基础，在相关设计专业大学四年的课程中这是一门基础课。版式设计教你如何掌控、布局空间和把握整体设计，教你如何快速进入设计领域。在国外的平面设计中，他们更注重版式编排的设计，编排本身就体现了创意，两者相互交融。所以在国外设计大赛众多获奖的优秀作品中，很多是精彩的版式设计案例。在这一方面国内的平面设计师虽然做出了很大的努力，有了很大的进步，但离国际平面设计水平还有一定的距离，不过这与我们对于平面设计研究和社会的重视程度有关。

在研究平面设计的语言和风格的同时，更应该注重对视觉表现所形成的思维观念进行研究。每一个艺术运动思潮都对平面设计的风格产生过深刻的影响，因此平面设计的思想观念与风格不是孤立的，而是与建筑、绘画、文学、音乐、服装等领域的艺术思想精神完全一致的。每一次艺术运动都起源于建筑、绘画，然后影响其他领域，因此我们在研究版式艺术的同时，应该从宏观的视角来看待艺术发展的关系，了解整个20世纪现代主义和国际主义艺术风格对当代平面设计的影响，了解后现代社会在文化、经济、科学技术上对人类的生活方式、思想意识和艺术风格的影响，如电脑数码技术导致了平面设计的巨大变化，使平面设计进入了一个崭新的阶段，促进了平面设计的发展。这对于我们学习研究版式设计是有积极作用的，对于今后的平面设计创作也有了深度的认识和理解。

图1-1

图1-2

图1-3

二、平面设计的历史发展

20世纪初，随着资本主义经济与工业化的迅速发展，欧洲和美国的经济基础及生产关系发生根本的改变，也影响了20世纪“现代主义”的设计观念。短短几十年间，人们几个世纪以来在平面设计方面的思想意识、审美观念，以及艺术创造的目的都有了根本的改变。20世纪的艺术主要经历四个时期：第一个时期，主要以立体主义、未来主义、达达主义、超现实主义、装饰主义为代表；第二个时期以“一战”后兴起的俄国构成主义、荷兰风格派、德国包豪斯三个重要的设计运动为代表；第三个时期为“二战”后50年代至70年代的国际主义设计风格；第四个时期为60年代开始的后现代主义设计表现形式，以及电脑、网络多元化媒体传达。

20世纪的众多现代设计运动，对现代平面设计形式和风格产生了巨大影响，对立体主义的形式、未来主义的思想观念、达达主义的版面编排、超现实主义的插图和版面的影响巨大，在形态意识上为平面设计提供了新的观念，对平面设计的发展起到了促进作用。

立体主义是现代艺术中重要的运动，也是平面设计的形式基础。立体主义具有主张不模仿客观对象，重视艺术的自我表现，对具体对象分析、重构和综合处理的特征。这种思想观念对平面设计的影响，表现为对版面构成的分析组合和对理性的规律探索，而这种探索影响了荷兰的风格派、俄国的构成主义，尤其是德国包豪斯学院，使其工业设计和平面设计都得到了很大的发展。

未来主义运动起源于20世纪初意大利在绘画、雕塑和建筑上的一场设计运动，主张对工业化极端膜拜和高度的无政府主义，反对任何传统艺术形式，蔑视社会文化、文明，极端地追求个性自由，探索在时间、空间与机械美学方面的表现。在版面编排上，未来主义鲜明地提出反对严谨正规的排版方式，提倡自由组合，即编排无重心、无主次、杂乱无章、字体各异的散构，甚至完全散乱的无政府主义的形式；倡导“自由字体”毫无拘束的编排，其中各种字体及大小字母混杂，高低错落地混乱组合，甚至文字不再只是表达内容的媒介物，而成为设计构成的一种视觉元素与符号。在国际主义风格形成以后，这一反传统、反规律的设计趋向基本被主流设计界否定，但到20世纪90年代，在世界多元化的经济发展形式下，未来主义的风格在西方平面设计界重新得到重视与应用，并成为时尚设计的标志。

达达主义是由于人们对战争的厌倦，以及对战后社会前途的失望和迷惘，20世纪初在欧洲各国出现的高度无政府主义思想的艺术运动。在艺术观念上，强调自我，反理性，认为世界没有任何规律可遵循，所以表现出强烈的虚无主义特点：随机性和偶然性，荒诞与杂乱。达达主义与未来主义在编排设计上的相似之处，在于用照片和各种印刷品进行拼贴组合再设计，以及版面编排上的无规律化、自由化、相互矛盾化。达达主义者由于单纯的、空洞的形式和虚无主义的自身观念局限，他们显然不可能创造出一套完整的、可以实践的平面设计和编排方法，但他们革命性的大胆尝试与突破，对当时及以后的设计家们产生了巨大的影响。

图1-4

“一战”后，由于人们普遍对社会产生一种悲观和茫然的情绪，因而出现虚无主义思想。超现实主义即是在这样的背景下，在欧洲出现的另一个重要的现代主义艺术运动。超现实主义认为社会的表象是虚伪的，创作的目的是重新寻找和了解社会的实质，认为无计划的、无设计的下意识或潜在的思想动机更真实，如用写实的手法来描绘、拼合荒诞的梦境或虚无的幻觉。超现实主义对于现代平面设计的影响在于对人类意识形态和精神领域方面的探索，对日后现代主义在观念表现上有创造性的启迪作用。

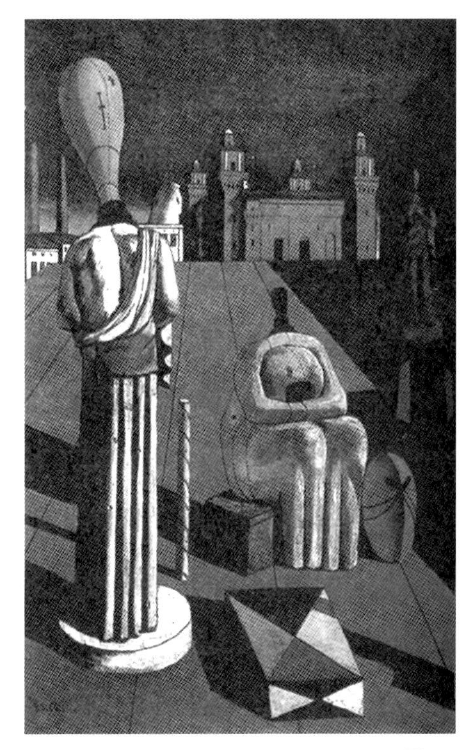
图1-5

装饰主义盛行于20世纪20至40年代，在理论上认同工艺美术运动和新艺术运动，与现代主义所提倡“极简主义”具有理念上的差异，反对工业化生产的单调粗糙的产品形象，强调装饰，但主动迎合新的生产工艺和条件下的装饰，因而在设计风格上必然与工艺美术运动与新艺术运动时期有较大的差异，摒弃了矫揉造作的设计风格，表现出具有强烈时代特征的崭新形象，作为象征现代化生活的风格被消费者接受。

20世纪二三十年代，在欧洲出现了三个重要的核心运动，即俄国的构成主义、荷兰的风格派、德国的包豪斯，这三个运动成为现代设计思想和形式的基础。俄国的构成主义运动是在意识形态上提出设计为无产阶级服务的运动，荷兰的风格派运动则是基于美学原则探索的单纯美学运动，而德国的现代设计运动发展到以包豪斯为代表的学院派风格。这三个运动相互影响，特别是荷兰风格派的重要人

图1-1《山·川·街·杰佛里》，费里波·马里涅蒂，1915年。这是表现他诗歌的立体主义作品。
图1-2 新未来主义演出海报，佛塔纳多·德比罗，1924年。
图1-3 广告设计，佛塔纳多·德比罗，1929年。
图1-4《杜-达迪》，哈那·霍什，1919年。照片拼贴采用了没有计划的偶然性拼合。
图1-5 《心神不宁的缪斯》，乔尔乔·德·契里柯，1916年。

物与俄国的构成主义艺术家和设计家参与包豪斯的设计创作工作，影响了欧洲各国的艺术流派，形成了欧洲现代主义设计观念的基本结构。“二战”后它影响了世界各地，成为战后“国际主义”的基础。

现代主义的特点是理性主义，“功能决定形式”不是一种风格，而是一种信仰。现代主义最鲜明的主张是：“少则多”。它反对装饰的繁琐，提倡简洁的几何形式，所以现代主义在平面设计上做出了很大的贡献：1.创造了以无装饰线体的国际字体为主体的新字体体系，并得以广泛应用；2.在平面设计上开始对简洁的几何抽象图形进行探索设计；3.将摄影作为平面设计插图的形式进行研究；4.将数学和几何学应用于平面的设计分割，为网格法的创造奠定了基础。

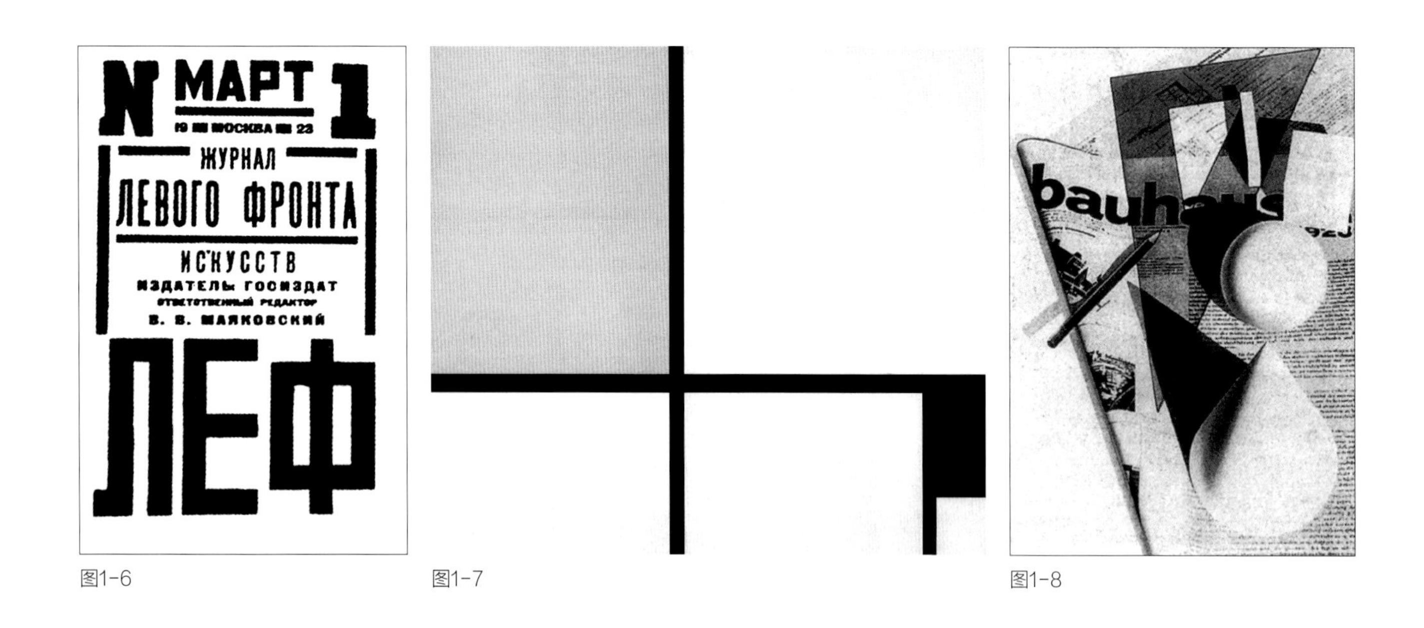

图1-6　图1-7　图1-8

俄国构成主义运动是俄国十月革命胜利后在俄国出现的一次前卫艺术运动和设计运动。构成主义设计将抽象的图形或文字作为视觉传达的元素和符号进行构成设计，版面编排常以几何的形式构成，同时也带有未来主义、达达主义自由拼合、无序的特点。但在整体上构成主义更讲究理性的规律，强调编排的结构、简略的风格，以及空间的对比关系。俄国的构成主义为现代主义的设计奠定了基础。

荷兰风格派的思想和形式来源于蒙德里安的绘画探索。他以高度理性、数字化的逻辑思维来创造和谐的新秩序，画面上简洁到只有纵横分割的几何形方块和鲜明的色块。风格派在平面设计上的特点是：1.高度的理性化，完全采用简单的纵横编排方式，除纵横的几何分割块外，没有其他装饰；2.字体完全采用无装饰线体；3.版面编排采用非对称方式，但追求非对称的视觉平衡；4.尝试在版面上进行直线的网格分割构成，形成了被称为“瑞士网格”的编排法。

德国包豪斯的平面设计风格是在俄国的构成主义、荷兰风格派和德国的现代主义设计的影响下，综合发展和逐步完善的。包豪斯学院被称为世界上第一所完全为设计教育而建立的学院，并成为欧洲现代主义设计运动的交汇中心。它的设计思想理论和风格基础影响了半个世纪以来对现代设计的探索与研究。另外它对现代设计教育的影响也是巨大的，研究并形成了一套完整的、严格的设计基础教学的思想体系，并一直影响到今天的设计教育。20世纪30年代末期，由于纳粹的政治迫害，大批的设计艺术家逃到美国继续发展，“二战”后的国际主义平面风格也是在包豪斯思想的基础上发展形成的。包豪斯的平面设计的思想及风格具有强调科学化、理性化、功能化、减少主义和几何化的特点，注重启发学生的潜在能力和想象力，注重字体设计，采用无线装饰字体和简略的编排风格。

“二战”后，从德国战前发展起来的国际主义设计风格成为西方国家设计的主要风格，后来影响了世界各国。国际主义设计运动在20世纪50年代至70年代风行一时，影响了建筑设计、平面设计、产品设计等方面，成为主导世界的设计风格。国际主义风格在平面上的贡献是研究出了骨骼排版法，即将版面进行标准化的分割，将字体、插图、照片等按照划分的骨骼编排在其中，取消编排的装饰，采用朴素的无线装饰字体，采用非对称的版面编排。国际主义在形式上以“少则多”的减少主义的特征为宗旨，其特点是高度的功能化、标准化、系统化。其反装饰的排版风格，简明扼要的视觉形式，有利于国际化的视觉传达功能，因此很快被世界各国采用。但这种风格的缺点是过于严谨刻板，版面单调、冷漠而缺乏生机。这一时期，国际主义的设计家们对于无线装饰字体进行了深入的研究，如笔画的粗细、字号的大小，以及字角的细节变化等都有了新的创造，有的字体已被采用为电脑字体。

由于欧洲许多杰出的设计家移民到美国纽约，因此欧洲的现代主义设计风格在美国继续发展，促进了美国现代平面设计的发展。当瑞士的国际主义平面设计风格进入美国之后，迅速成为主导美国平面设计的风格。美国纽约本土的平面设计派与现代主义设计风格、国际主义设计风格相辅相成，相互交融，共同形成了美国20世纪五六十年代国际主义风格的设计运动，纽约也成为世界现代艺术和设计的中心之一。

图1-9

图1-10

图1-6 俄国“构成主义”大师罗钦科的构成主义刊物《左翼艺术》的封面，1923年。
图1-7 荷兰的“风格派”大师蒙德里安作品，1912年。
图1-8 奥地利平面设计大师赫伯特·拜耶设计的《包豪斯》校刊封面，1928年。
图1-9 瑞士平面设计家西奥·巴尔莫设计的建筑展览海报，代表了国际主义的设计风格，1928年。
图1-10 受后现代主义影响的作品，1966年。

随着社会的不断进步、国际交流与合作的不断增强，平面设计的国际化趋势越来越明显，而各国的本土文化特征逐步消失，被国际主义特征取代。视觉传达普遍存在设计刻板，过于功能化、理性化，缺乏民族性，千篇一律的问题，这一问题各国都已认识到并都努力去挖掘民族个性。这种设计的相似性是国际主义自身无法克服的，是国际社会高速发展与交往融合的必然，是社会发展的需要，同时也说明国际主义风格主导世界设计的必然趋势。

图1-11

图1-12

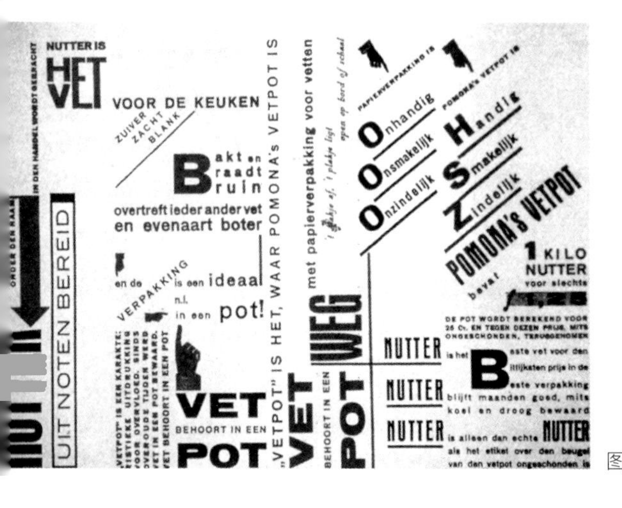

图1-13

如果说把“二战”前的社会称为“工业化社会”，而20世纪60年代末以后则被称为“后现代社会”。由于技术的发展和审美观念的变化，现代主义单一的设计艺术形式，单纯追求理性而忽视消费者的心理需求，导致产品形式的千篇一律，最终使人们感到厌倦。后现代主义，就是在对现代主义与国际主义的否定中应运而生。设计师们开始从历史中寻找装饰的动机，一切历史的装饰片段都被这一时期的设计师们进行重新编织。从这一层面讲，后现代主义也是一种历史符号的拼贴主义。

从意识形态上看，后现代主义是对于现代主义、国际主义设计的一种装饰性发展，其中心是反对米斯·凡德洛的“少则多”的减少主义风格，主张以装饰手法来达到视觉上的丰富，提倡满足心理的情感需求，而不仅仅是单调的以功能主义为中心，以及意象、隐喻主义和“少令人生厌”（less is bore）；后现代主义另一特点是注重历史文脉的传承延续与现代技术相结合，大量采用各种历史的装饰，加以折中的处理，追求传统的典雅与现代时尚融合于一体的大众设计，注重设计的人性化、自由化，强调设计以人为中心，贴近消费者，打破了现代主义的纯理性及功能主义，尤其是国际风格的形式主义多年来的垄断。后现代主义有创造性、批判性和建设性，这是后现代主义的基本观念。

在设计形式与方法上，后现代主义是在现代主义与国际主义的基础上的改良与再发展。它将国际主义中冷漠、缺乏人情味、高度秩序化的形式弊端弱化与削减，把装饰性的、历史性的内容加到设计上，使之成为平面设计的组成要素，为设计增添人情味与历史韵味；运用各种幽默的、调侃的甚至疯狂的手法，给平面设计带来欢乐与游戏的特性；在强调大众文化的同时更强调多元化以及人性化，符合后现代时期的审美要求。后现代主义是一种思潮，一种趋势以及一种设计观念。

图1-11 以荷兰“风格派”大师蒙德里安的构成思想创作的作品。
图1-12 法国艺术家阿道夫·卡桑德拉设计的招贴画《不屈者》，1925年。
图1-13 荷兰平面设计家彼得·兹瓦特设计的版面，1924年。

图1-15

图1-14

后现代主义的“新浪潮”平面设计运动，是针对平面版面而展开的设计风格探索，虽然依然以国际主义的网格为设计基础，却丝毫不受网格的局限；对涉及版面设计的文字、图像、图形与编排格式、形式法则等都进行重新设计，采用非传统的混合、叠加等设计手段，以模棱两可的紧张感取代明确无误的清晰感，以非此非彼、亦此亦彼的杂乱取代明确统一。充分体现了后现代在艺术风格上的矛盾性、复杂性和多元化的特点，对后来版面设计的发展具有深刻的启迪作用。

图1-14 德国平面设计家路德维克·霍尔魏恩设计的德国红十字会的广告，1914年。
图1-15 美国设计家詹姆斯·佛莱设计的征兵海报《我要你为美国参军》，1917年。

HOME
IN 2042,
THE TEMPERATURE IN
BIG CITIES WILL
INCREASE BY 8 DEGREES
ON AVERAGE.
ASSOCIATION
FOR SMOKER
AWARENESS
LIVE TO SEE IT. QUIT SMOKING NOW.
ADESF

图1-16

图1-17

图1-18

图1-19

图1-16至图1-19 一组环保广告作品，疯狂、无规则、调侃的画面充分地体现了后现代风格。（设计：Alexandre Gama，Márcio Ribas，Wilson Mateos）

教学目标与要求

本章有两个教学目标：1.版式设计；2.平面设计的历史发展。这两个教学目标都是学生应该具备的基本专业素质，尤其是第二个教学目标是本单元的重要内容，它帮助学生加深对现代版面的发展以及设计风格的理解。

教学过程中应把握的重点

本章的教学重点是“平面设计的历史发展”。20世纪的艺术主要经历四个时期：第一个时期主要以立体主义、未来主义、达达主义、超现实主义、装饰主义为代表；第二个时期以“一战”后兴起的俄国构成主义、荷兰风格派、德国包豪斯三个重要的设计运动为代表；第三个时期为“二战”后50年代至70年代的国际主义设计风格；第四个时期为60年代开始的后现代主义设计表现形式，以及电脑、网络多元化媒体传达。

思考题、讨论题

1.平面设计的历史发展每个阶段的特点是什么？

2.立体主义、未来主义、达达主义，以及超现实主义对现代平面设计风格产生了怎样的影响？

3.现代主义的设计风格特点是什么？对世界平面设计发展起到什么作用？

4.什么是包豪斯？如何理解俄国构成主义与荷兰风格派各自的思想体系？

5.后现代主义思想观念的主要表现特征是什么？它对当代文化的冲击和对平面设计产生的影响表现在哪些方面？

6.学习世界平面设计发展史对现代版式设计的作用和意义是什么？

第二章 版式设计的编排构成

世上万物的形态千变万化，这些事物的空间形态均属于点、线、面的分类构成。它们彼此交织，相互补充，相互衬托，有序地构成缤纷的世界。在设计中也存在同样的道理，任何一种版面设计的组织结构元素均归于点、线、面的分类。点、线、面是几何学的概念，也是版面设计的基本元素和重要的视觉语言形式之一。

一、点的编排构成

版面中的点由于大小、形态、位置不同，所产生的视觉效果不同，心理作用也不同。

点的缩小起着强调和引起注意的作用，而点的放大有面之感。它们注重形象的强调与表现，给人情感上和心理上的量感。

将行首放大，起着引导、强调、活泼版面和成为视觉焦点的作用。

点在版面上的位置：1.当点居于几何中心时，上下左右空间对称，视觉张力均等，庄重，但呆板；2.当点居于

图2-1

视觉中心时，有视觉心理的平衡与舒适感；3.当点偏左或偏右时，产生向心移动趋势，但过于偏离中心会产生离心之感；4.将点向上或向下放置，有上升或下沉的心理感受。

在设计中，将视点导入版面中心的设计，如今已屡见不鲜。为了追求新颖的版式，更加特意追求将视觉焦点放置在版面偏左、偏右、偏上、偏下的变化已成为今天常见的版式表现形式。另外，准确运用视点的设计来完美地表述情感及内涵，使设计作品更加精彩动人，这正是版式设计追求的最高境界。

图2-2

图2-1 疏密、大小不一的点让整个版面生动活跃起来。（设计：冯晓琳）
图2-2 除文字构成的点外，图形（圆点）也同样构成版面“点”的因素。
图2-3 文本中首写字母的大写在版面中产生点的作用，被强调的首写字母可下降嵌入字行，也可高于字行。

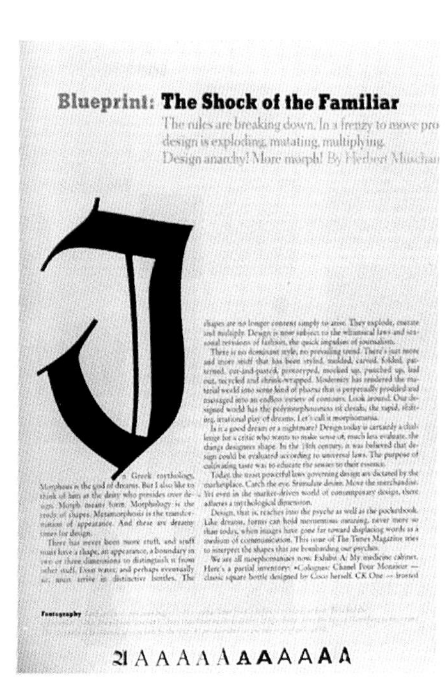
Blueprint: The Shock of the Familiar

The rules are breaking down. In a frenzy to move pro
design is exploding, mutating, multiplying.
Design anarchy! More morph! By Herbert Muschan

图2-3

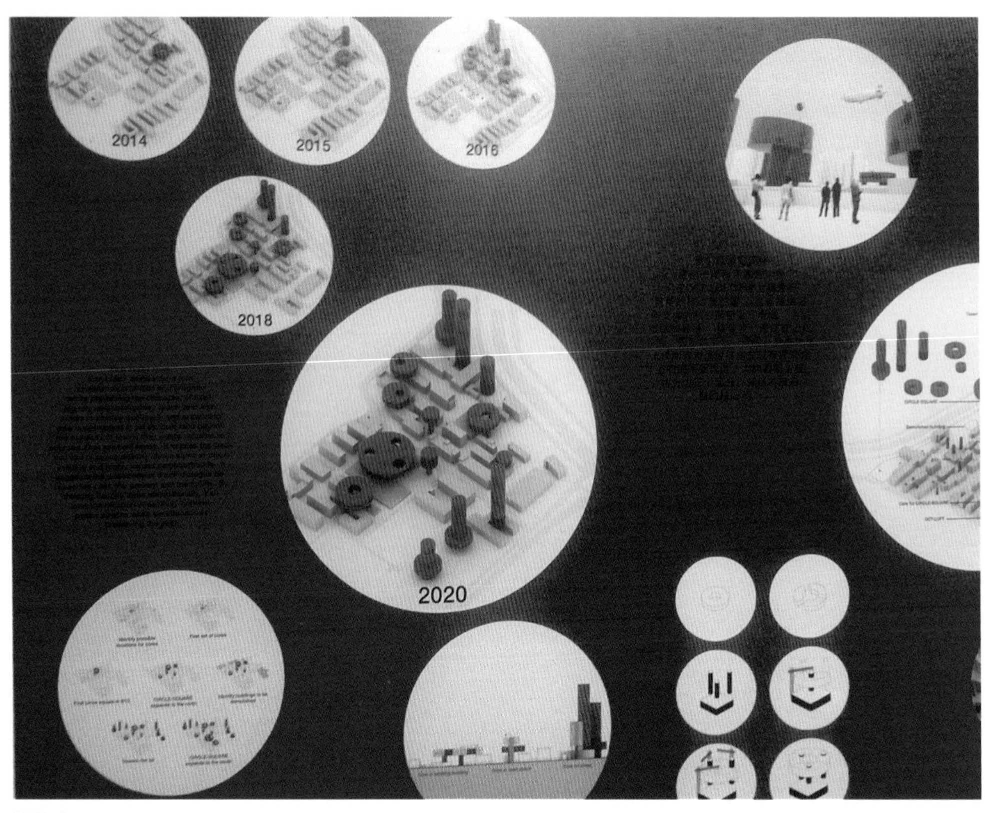
2014
2015
2016
2018
2020

图2-4

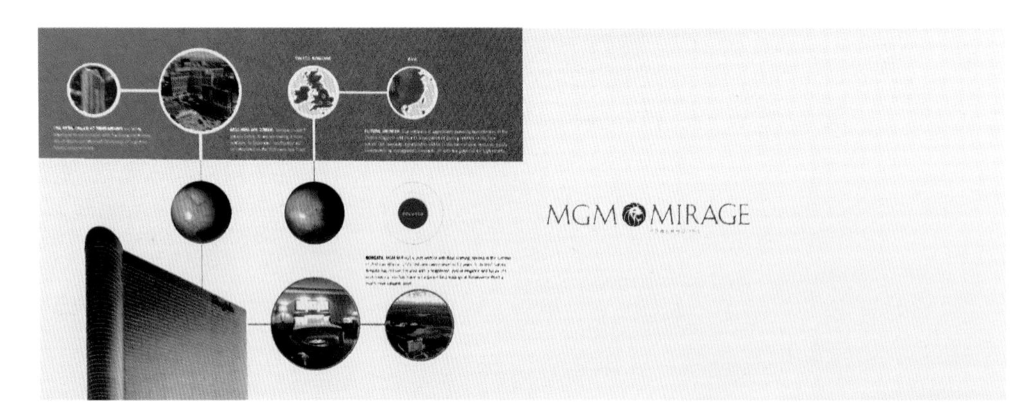
MGM MIRAGE

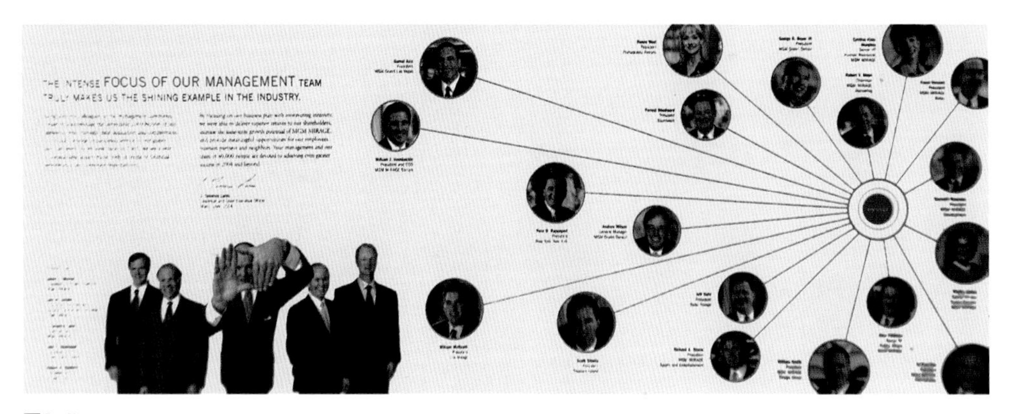
THE INTENSE FOCUS OF OUR MANAGEMENT TEAM
TRULY MAKES US THE SHINING EXAMPLE IN THE INDUSTRY.

图2-5

图2-4 深圳展览厅国外某展示设计版面。整个展示的设计风格均以大小各异的圆形自由构成，形式简略统一，所展示的内容均植入圆形图形中展示，说明文字的编排形状也是圆形。（图为局部）

图2-5 设计师以“点”为视觉语言编排的版面定位非常明确，重复的点强化了版面的艺术表现形式。其次是辅助的“线”清晰地阐释了复杂的信息，使版面信息传达更准确。

图2-6 黑色的大小不一的点和红色的点，错落有致，富有层次感。

图2-7至图2-9 画册中传达的信息均植入圆形中，圆形使三个页面达到视觉统一，给静态的画面带来活力。

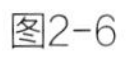
图2-6

图2-7

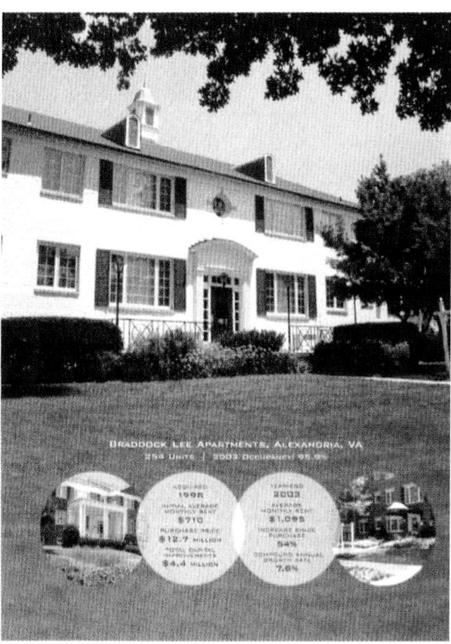

图2-8

图2-9

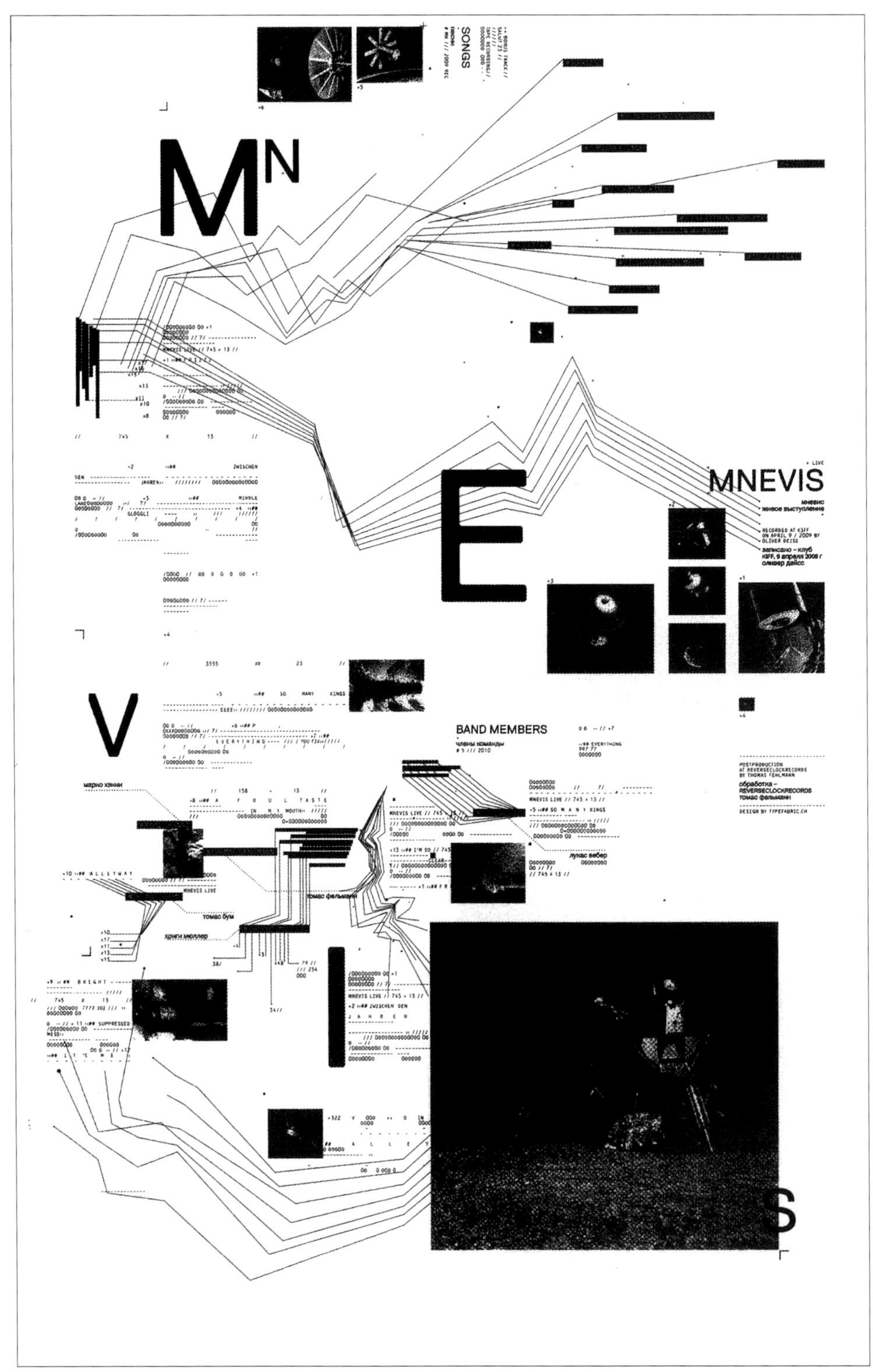

图2-10

图2-10 姆奈维斯乐队的专辑封面设计，是一个关于排版、数字统计和图像内容的复杂体系，为了达到简洁的效果，其设计全部采用黑白色系。（设计：塞缪尔·埃格洛夫，卡特里娜·威普，转自《版式设计：给你灵感的全球最佳版式创意方案》，作者：王绍强）

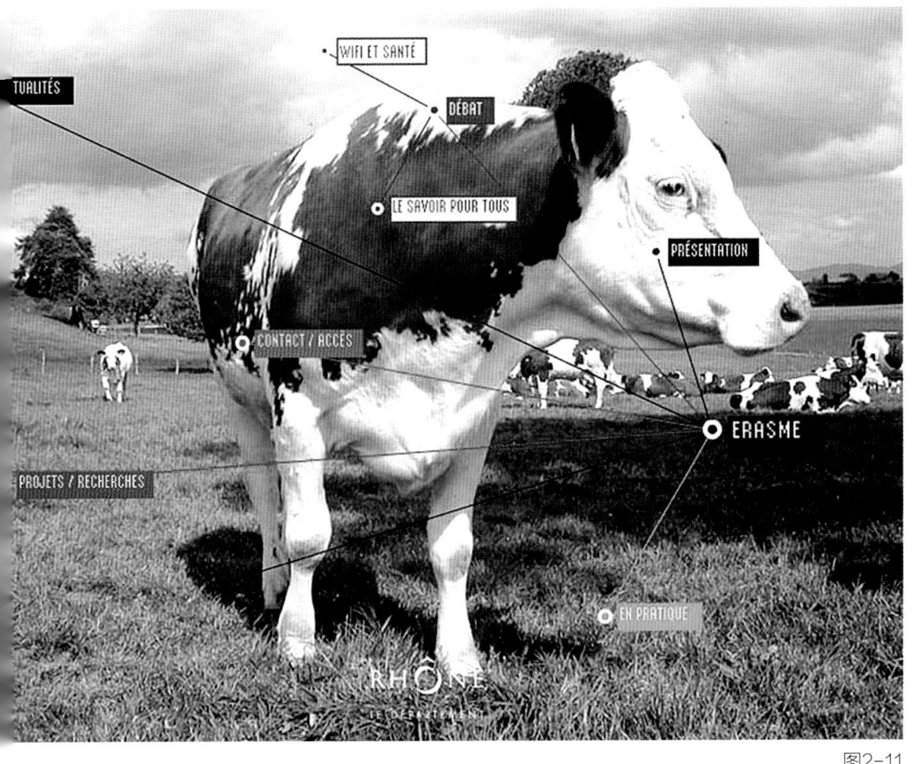

图2-11

图2-11 这张照片拍得很好，但本身不具设计感。它的设计性体现在“点”与“线”的连接上，并清晰地阐释了广告传达的要点。点与线赋予了作品设计感。

二、线的编排构成

点移动的轨迹为线。线的形态很复杂，有形态明确的实线、虚线，也有空间的视觉流动线。然而，人们一般对线的概念都仅停留于版面中形态明确的线，对于空间的视觉流动线却往往容易忽略。我们在阅读一幅画的过程中，视线是随各元素的运动流程而移动的，对这一过程人人都有体会，只是人们不习惯注意自己构筑在视觉心理上的这条既虚又实的“线”，因而容易忽略或视而不见。实质上，这条空间的视觉流动线对于每位设计师来讲有着相当重要的意义，这也正是我们下一章将要探讨的“视觉流程”。

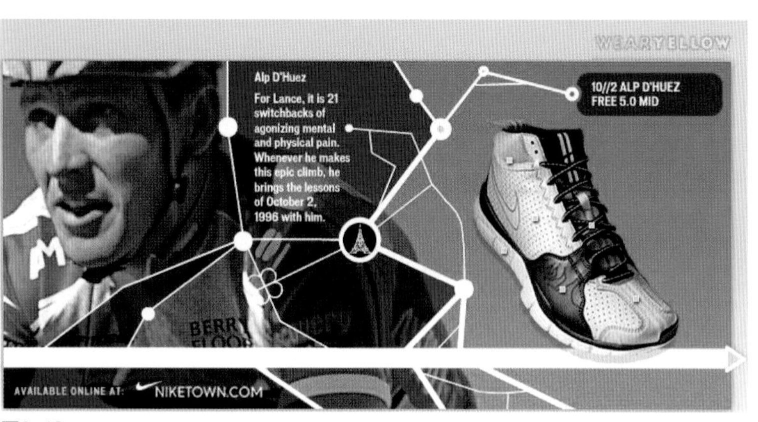

图2-12

图2-13

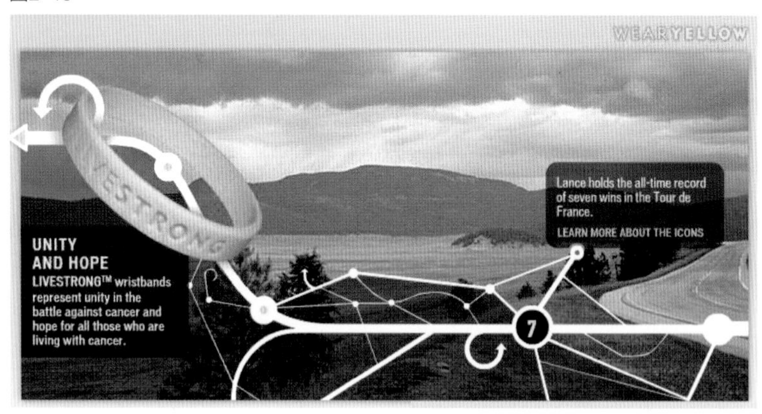

图2-14

图2-12至图2-14 系列广告设计。三幅版面中的白线为运动里程线，成为广告版面的主视觉，强化了版面的个性风格。
图2-15、图2-16 版面右侧由上至下的视觉流程明晰，版面虽然没有明确的线，但可感觉到潜在的线。

图2-15

图2-16

图2-17

图2-18

图2-19

图2-17 版面简洁，线的分割、面的大小、虚实的对比，以及大量的留白形成简约的设计风格。线的运用在版面中相当考究，是经过精心设计的。（设计：杨奕）
图2-18 “线”除了在编排设计中被广泛运用外，在包装设计中也常运用。这件包装作品的形象是以线构成的。
图2-19 版面中的一条细细的红线穿越于粗黑的字里行间，营造了文字前后的空间感，成为此文字设计的视觉焦点，粗细对比增强了设计的艺术性。

图2-20

图2-21

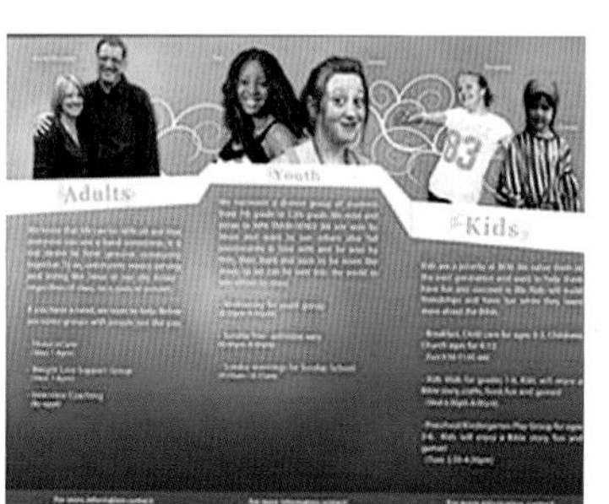

图2-22

图2-20、图2-21 两个版面均为同一元素的延展设计。设计元素简略到只有点与线，点是不变的，线围绕着点，根据版面空间寻求更多的变化，同时“线”也可以由细小的文字构成。

图2-22 两个版面，除文字信息外的图形、人物和汽车均为散点，版面中白色转折而肯定的宽线条连接了版面的散点，并引导了视觉焦点，能看出设计师独具匠心。

图2-23 内页设计。版面被分割成16个等量空间，为了突出16个人物头像版面隐藏了线，但我们能感到线分割的存在。

1.线的分割

在进行版面分割时，既要考虑各种形态元素彼此间支配的形式，又要注意空间所具有的内在联系，保证良好的视觉秩序感，这就要求被划分的空间有相应的主次关系、呼应关系和形式关系，以此来获得整体和谐的视觉空间。

空间等量的分割。将多个相似或相同的形态进行空间等量分割，以获得秩序与美。

图文在直线的空间分割下，获得清晰、有条理的秩序，同时求得统一和谐。

在骨骼分栏中插入直线进行分割，使栏目更清晰，更具条理，增强沉闷文字版面的弹性和可视性。

通过不同比例的空间分割，版面产生各空间的对比与节奏感。

图2-23

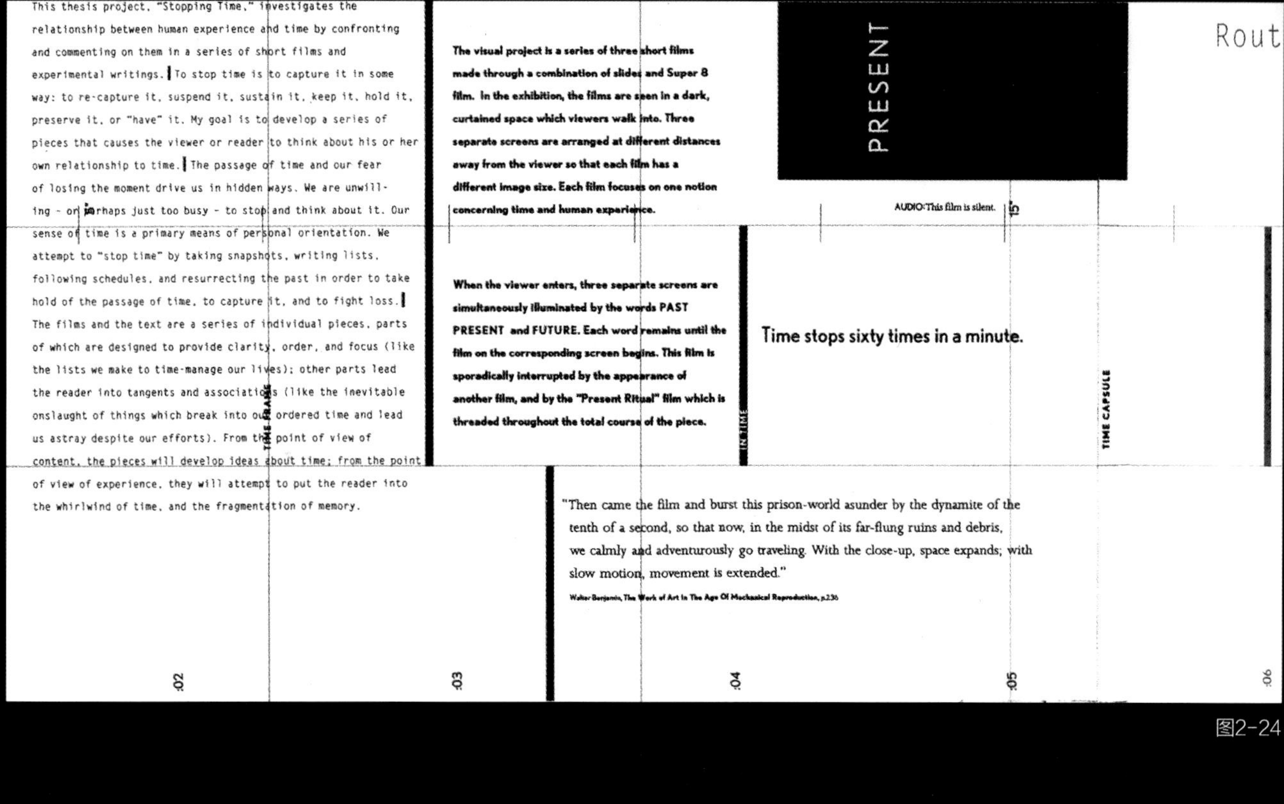

图2-24

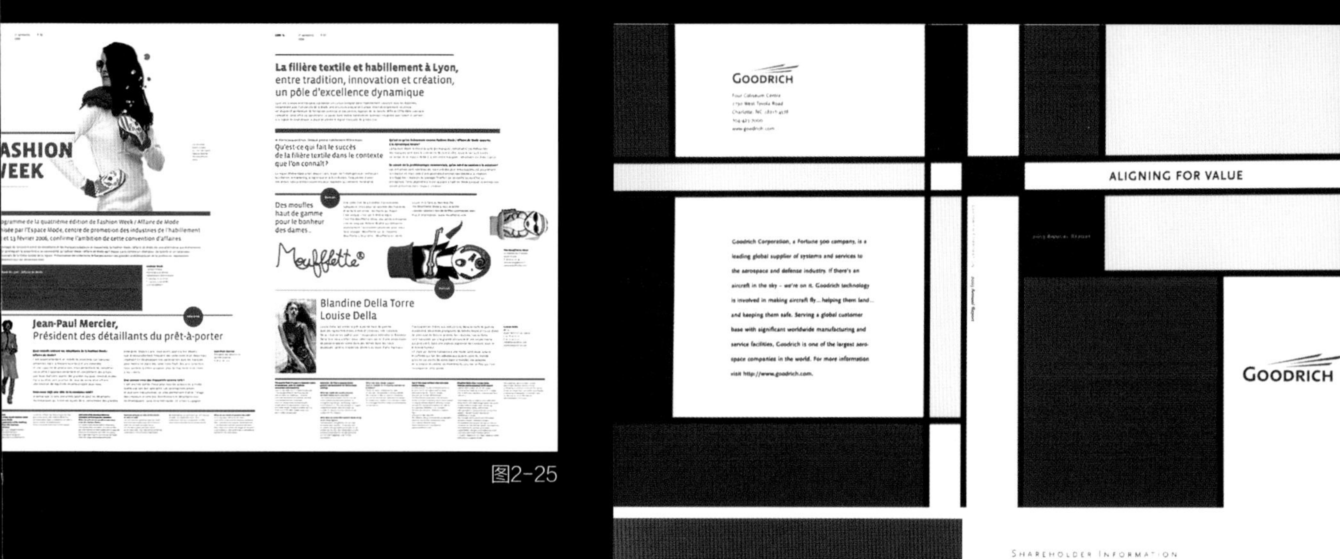

图2-25

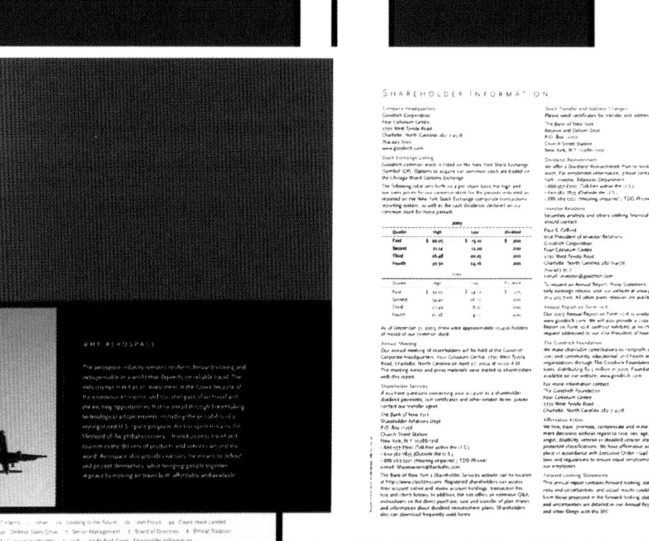

图2-26

图2-24 版面中自由分割的线不仅起到划分文字段落的作用，长短不一的粗线条与黑色块面，是设计师精心设计的风格。

图2-25 左右页面以粗细不等的横线进行文本段落分割，使文本条理清晰。

图2-26 版面设计采用蒙德里安“红黄蓝”的设计风格，典型的分割设计手法，使版面富有艺术气息。

图2-27

图2-28

图2-29

图2-27 不规则的线分割构成不等量的面，不等量的面有意成角度的聚合构成灵动整体的面。认真观察，其实每一方块均为垂直方形。三处留白的空间编辑文字，有聚散，版面设计精心细致。

图2-28 其一，版面采用线分割的手法使N多图片得以有序的整合；其二，版面特意分割出长短大小各异的空间为红色块，成为版面最跳跃的层次和节奏；其三，整体留白（细小的文本）的虚空间给版面以呼吸空间。

图2-29 在元素丰富的画面中用粗线框突出画面的主题。

2.线框的强调

线框的限定，既使主体产生空间“场”的作用，同时也具有相对约束的功能。在强调情感或强调动感的出血版中，如以线框配置，动感与情感则获得相应的稳定和规范。另外，线框细，版面则轻快而有弹性，但“场”的感应弱；当线框加粗，图像有被强调和限制的感觉，同时视觉度、注意度都有所增强；若线框过粗，版面则变得呆板、空间封闭，但“场”的感应明显增强。

骨骼的结构产生极强的约束性。图文按骨骼的规则设计，版面稳定，充满理性秩序，所以流畅易读。但过于理性，则有呆板的感觉。

图2-30 包装盒上，文字的张扬设计受到线框的约束，这正是设计师追求的风格。
图2-31、图2-32 线框对重要的信息起着强调的作用。

图2-30

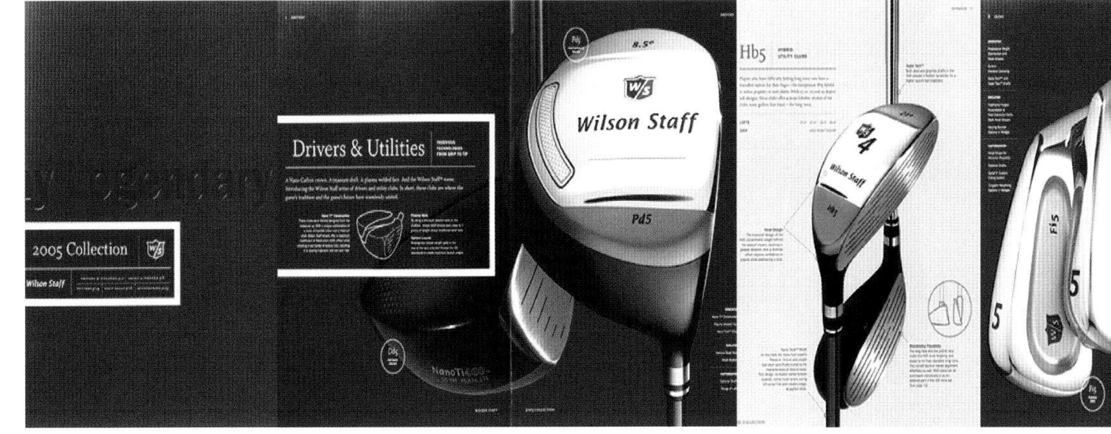

图2-31

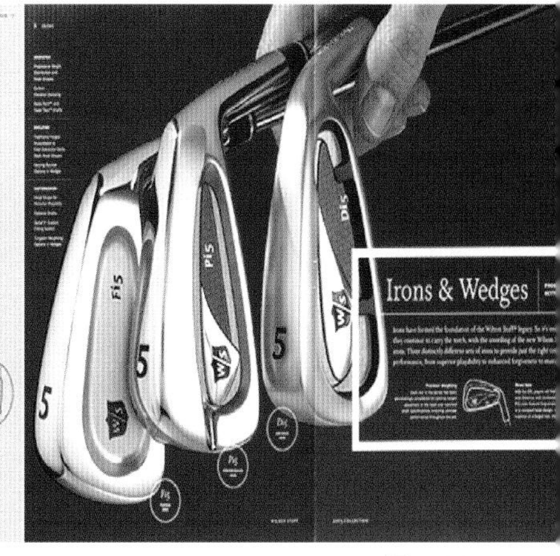

图2-32

三、面的编排构成

面在版面中的概念可理解为点的放大、点的密集或线的重复。另外，线的分割产生各种比例的空间，同时也形成各种比例关系的面。版面中产生的面有刻意去设计的，但这种版面极少，更多情况下面的产生不是孤立的，面与线、面与点或面与点、线之间是相互依存、相互渗透的关系。

只有面的版面显得单调、平淡，在加入了线的分割组织后，版面立即产生精细而精神之感；若再加入点的运用，则点常常能成为版面中活跃的视觉焦点；而面常以结实、肯定、大方的特点起着烘托及丰富版面空间层次（文字面）的作用。

The New York Times
December 17, 2006

Book Review

Wars and a Man

THE AENEID by Virgil. Translated by Robert Fagles. 486 pp. Viking. $40

By Brad Leithauser

THERE'S a moment in Virgil's "Aeneid" when the Trojan forces are massed like "a cloudburst wiping out the sun, sweeping over the seas toward land." It's an image that evokes another army, likewise intimidating, although this one's composed chiefly of sedentary men, white-haired and bespectacled. Their numbers, too, are unreckonable — those squadrons of scholars who have, over the centuries, translated the "Aeneid."

Has any book been recast into English more times than this tale of Aeneas' wanderings and the eventual establishment of the Roman Empire? Probably not, given both the poem's venerability and the relative accessability of Latin. When you further consider all the partial or complete versions in private manuscript — often the work of old classics teachers, shared with their students — we indeed confront something that looms over us like a cloudburst.

Robert Fagles, the poem's newest translator, comes to the fray well armed. An emeritus professor of comparative literature at Princeton, he has already translated, with great success, Homer's "Iliad" and "Odyssey." And his publisher for the "Aeneid," Viking, has accoutered

Continued on Page 10

IN THIS ISSUE: BOOKS ON WAR

图2-33

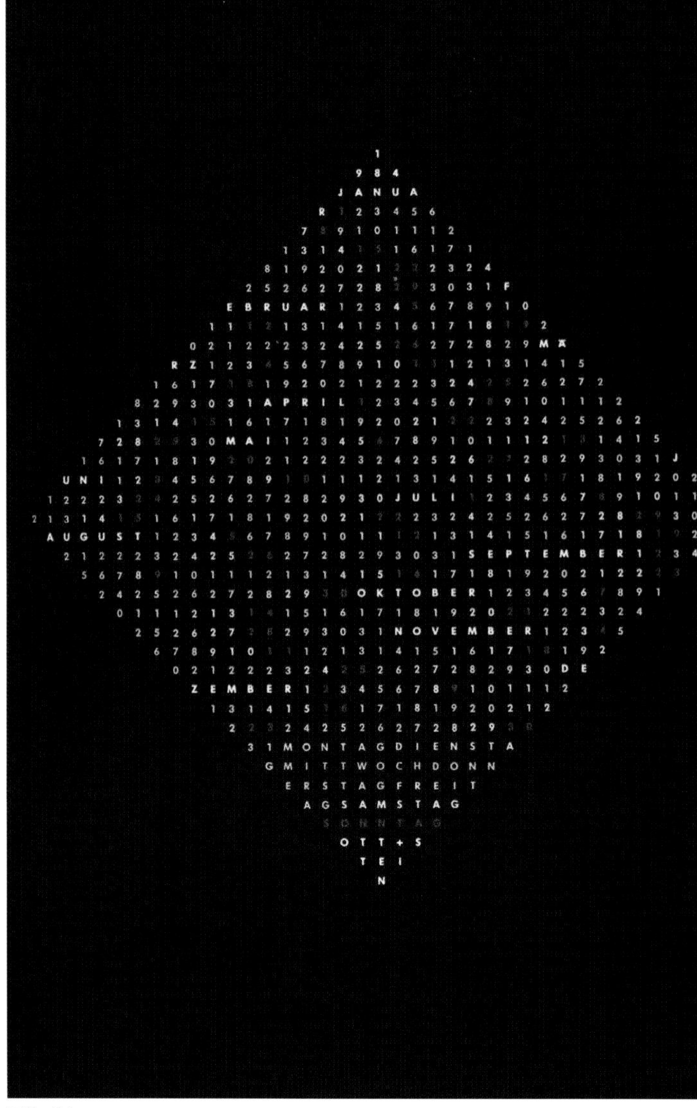

图2-34

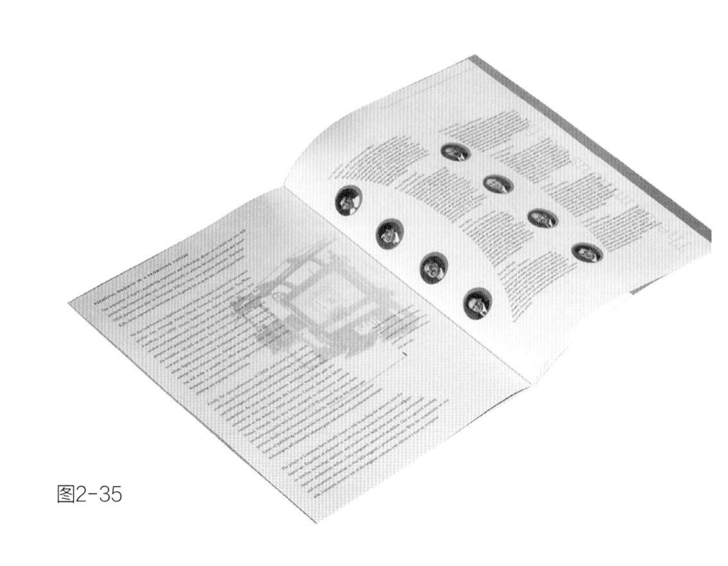

图2-35

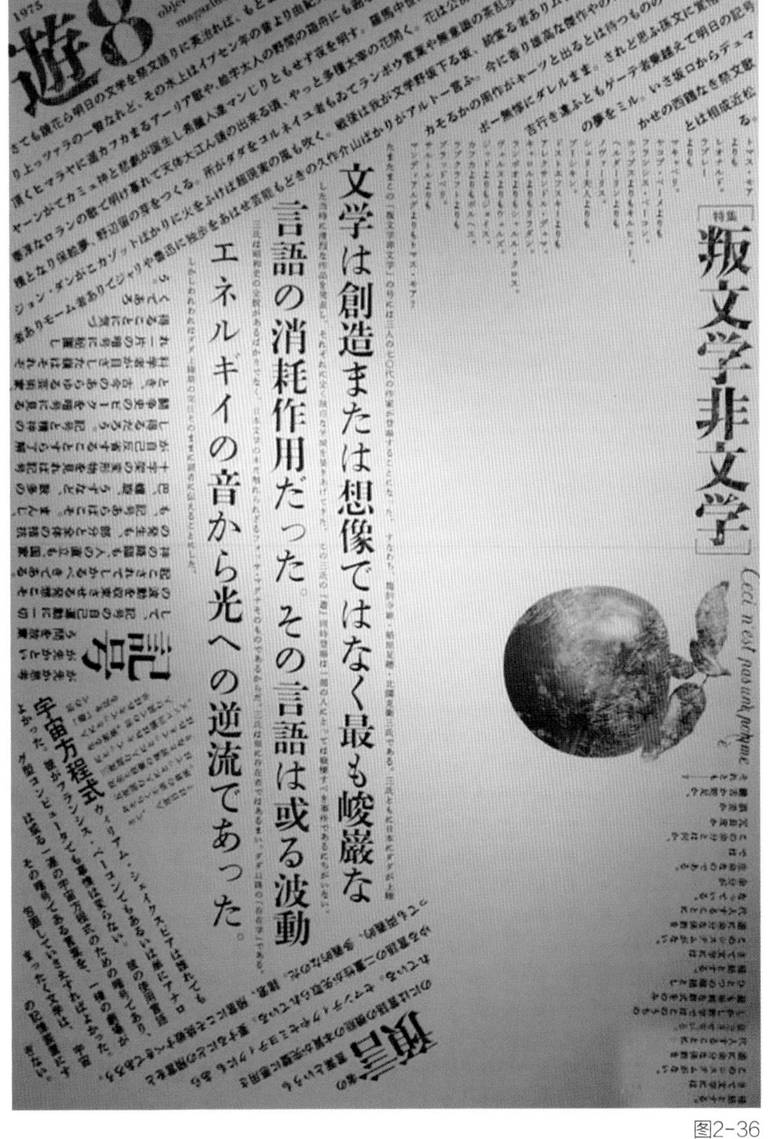

图2-36

图2-33 版面的短线、小人、文本构成版面整体的面。

图2-34 呈标准菱形的“面”，实际上是一幅用字母和1～31号数字作规律结构排列的挂历。近看是数字的重复排列，远观形成菱形的面。

图2-35 从书籍版式的整体看，有明确的点、弧线和文字产生的面。

图2-36 日本杉浦康平作品。各种方向编排的文本均构成版面整体的面。作者以竖排、斜排、横排、齐右的形式编排，并采用了9种字号和多种字体编辑丰富文本，文本简略而不简单。

图2-37 日本田中一光作品。版面不同的字体、字号及不同的编排形式构成三个层次的面。

图2-38、图2-39 解读左右版面文字设计可归为两个层次，黑色文本构成的面整体而有变化，面积占版面五分之四；蓝色文本面积占五分之一，为散点。版面简略，精于面与点的布局，艺术性强。

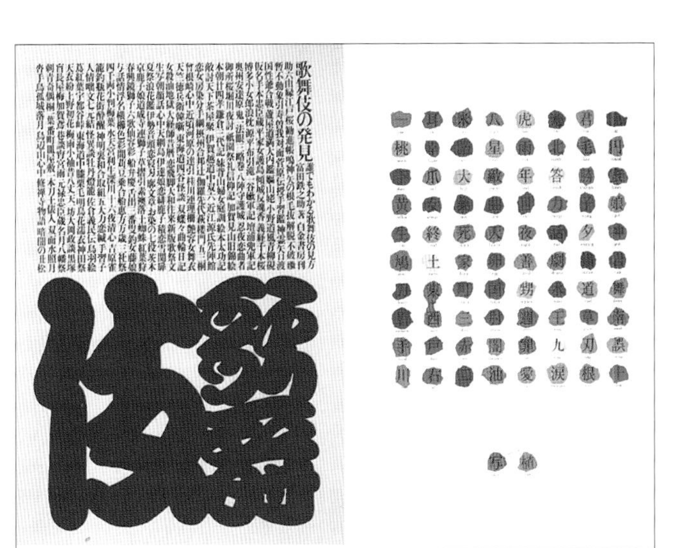

图2-37

图2-38

图2-39

Be relentless in pursuit of HSE performance

Doing right by our customers
Doing the right thing for our customers means being the company to which our customers look to find solutions to their business concerns – whether it's increasing production, reducing cycle time, decreasing risk or lowering costs. Today along with established products and services, every product line within Halliburton has introduced technologies that are delivering real and sustainable value for our customers.

Take, for instance, recovery from mature reservoirs, an area of vital and ever-increasing importance. The world's demand for oil is expected to grow 58 percent in the next 25 years; new giant, easily accessible discoveries seem unlikely. That means we must improve recovery from known reserves where the current average global rate of recovery is only about 35 percent.

What if technology could be developed that would ultimately allow us to recover twice that amount safely and responsibly? We could double the world energy reserve without making a single new discovery. That's sustainability, and the ESG is hard at work developing solutions.

Our reservoir description and visualization capabilities allow us to place wells in the optimal location. Utilizing Geo-Pilot* point-the-bit rotary steerable technology with SlickBore*, we can drill complex well trajectories with pinpoint accuracy and reduce drilling time by as much as 30 percent. Using real-time monitoring, Halliburton helps customers make real time decisions about how to optimize their underbalanced drilling process and increase production rates by up to 50 percent.

"The world's demand for oil is expected to grow 58 percent in the next 25 years; new giant, easily accessible discoveries seem unlikely. That means we must improve recovery from known reserves where the current average global rate of recovery is only about 35 percent."

Much of the technology that we produce, especially in Landmark, is designed to take the guesswork out of exploration and reservoir development. Using 3-D reservoir models and simulations, we help our clients take appropriate actions to mitigate risk. Landmark's Asset Performance Group℠, a consulting and project management operation, gives customers access to some of the world's best oil and gas engineering talents to achieve sustainable performance improvement from their energy assets.

The ESG invests about $220 million each year in research and development to stay at the forefront of technology development and ensure a sustainable future. Most of our research budget is spent on staying competitive – developing new, leading technology and making improvements to established technologies that meet the needs of our customers now and in the near future. The rest is earmarked for longer-term strategic technology and research at the frontiers of scientific development, aimed at meeting our customers' and their customers' future needs.

Doing right by our people
A single piece of technology, no matter how innovative, will not guarantee that we will be a viable entity in the future. Our people will, though. Doing right by our people means making a commitment to create a well-trained, educated, energetic and engaged workforce in every country in which we work. In the old way of thinking, many companies working internationally would import competency into other countries and use nationals for jobs that didn't require skills and certainly didn't create them.

That approach simply doesn't work

9

图2-40

anymore. These days, our customers' customers, the national oil companies and their governments, want much more than oil revenues. They want the very real benefits that oil and gas development can provide – jobs, training, a better way of life. But they aren't willing to allow development to take place at the cost of harming their people or their environment.

The benefits go both ways. A diverse and highly skilled global workforce is critical to building a sustainable future. It's more efficient and responsible to have a supply of readily available local talent instead of having to bring in project managers and supervisors. It's also a good investment, since a key ingredient for global market success is local passion. If local managers take ownership in the company, they will have a greater interest in maintaining its long-term success.

The ESG has already come a long way toward developing a localized workforce. Seven out of 10 ESG regional vice presidents are from their respective regions, and so are many of our country vice presidents. We're hiring and training locally. And we're helping to establish community colleges in emerging countries to train the next generation of oilfield workers so they can contribute to the vitality of our business.

Within the past three years, Halliburton has also made a significant commitment to developing local sourcing for equipment, material and operations support. This year, we spent approximately $1.5 billion with third-party providers outside the U.S. Not only is this practice more cost-competitive, but it also has huge sustainability implications. Halliburton is partnering with local suppliers to implement HSE and quality standards that give them entry into the global marketplace.

"The ESG has already come a long way toward developing a localized workforce. Seven out of 10 ESG regional vice presidents are from their respective regions, and so are many of our country vice presidents. We're hiring and training locally."

Doing right for our investors
In the end, doing the right thing means building a sustainable company, a company that will last for generations to come. This year, we have strengthened our commitment to deliver superior returns to our shareholders and have backed it with sustainable business practices that ensure profits in the future, as well as today. We have improved our capital and operational efficiency in the short term, while taking care not to compromise our ability to serve new growth markets in the future. We are working hard to achieve this balance and will continue to fine-tune it in line with the growth of the markets and our capabilities. With our processes in place, and with the significant pipeline of technologies and opportunities available to us, we believe that the ESG is uniquely positioned to capture a significant share of the huge projected capital investment that will be made in the energy industry over the next 5 to 10 years.

Building a sustainable future also means creating a culture that values sustainable principles in everything we do. It means putting our customers' success first, with the knowledge that their success fuels our own. It means attracting and motivating the best workforce in the world. It means building relationships based on the highest business ethics, as well as on conduct, transparency, accountability, honesty and respect. These values are at the very heart of what it means to do the right thing, and they are the foundation for a company that lasts.

10

Give back to the community that has given

图2-41

图2-42

图2-43

图2-40、图2-41 红色块在版面中缩小为点，放大为面。红色块既强调了版面信息，又体现了设计的个性。

图2-42 在一张自然场景的照片中，红色块点与面的设计表达非常成功，体现出自然、大气的风格，将众多文本信息编排其中构成整体的面。

图2-43 演唱会广告。广告主题“侧田命硬”，以饱满的字体来体现这一精神——强劲的面。

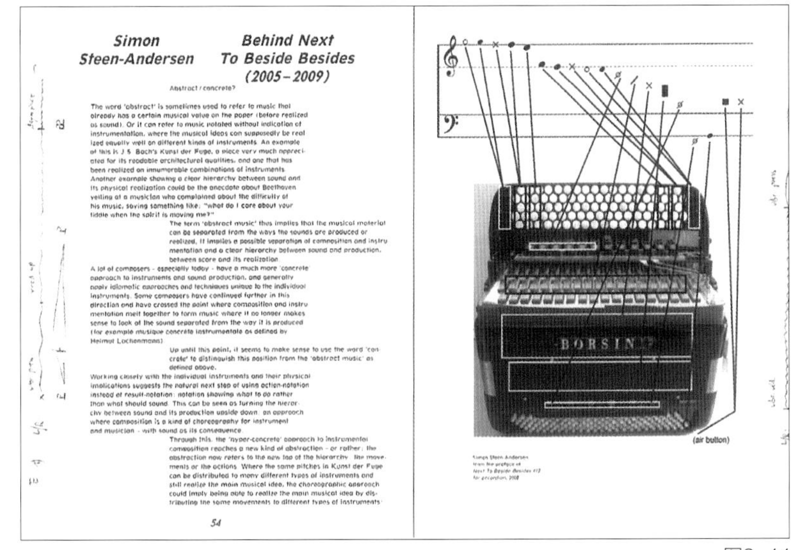

Simon Steen-Andersen *Behind Next To Beside Besides (2005–2009)*

Abstract / concrete?

The word 'abstract' is sometimes used to refer to music that already has a certain musical value on the paper (before realized as sound). Or it can refer to music notated without indication of instrumentation, where the musical ideas can supposedly be realized equally well on different kinds of instruments. An example of this is J. S. Bach's Kunst der Fuge, a piece very much appreciated for its readable architectural qualities, and one that has been realized on innumerable combinations of instruments. Another example showing a clear hierarchy between sound and its physical realization could be the anecdote about Beethoven yelling at a musician who complained about the difficulty of his music, saying something like: "what do I care about your fiddle when the spirit is moving me?"

The term 'abstract music' thus implies that the musical material can be separated from the ways the sounds are produced or realized. It implies a possible separation of composition and instrumentation and a clear hierarchy between sound and production, between score and its realization.

A lot of composers - especially today - have a much more 'concrete' approach to instruments and sound production, and generally apply idiomatic approaches and techniques unique to the individual instruments. Some composers have continued further in this direction and have crossed the point where composition and instrumentation melt together to form music where it no longer makes sense to look at the sound separated from the way it is produced (for example musique concrète instrumentale as defined by Helmut Lachenmann).

Up until this point, it seems to make sense to use the word 'concrete' to distinguish this position from the 'abstract music' as defined above.

Working closely with the individual instruments and their physical implications suggests the natural next step of using action-notation instead of result-notation: notation showing what to do rather than what should sound. This can be seen as turning the hierarchy between sound and its production upside down: an approach where composition is a kind of choreography for instrument and musician - with sound as its consequence.

Through this, the 'hyper-concrete' approach to instrumental composition reaches a new kind of abstraction - or rather: the abstraction now refers to the new top of the hierarchy: the movements or the actions. Where the same pitches in Kunst der Fuge can be distributed to many different types of instruments and still realize the main musical idea, the choreographic approach could imply being able to realize the main musical idea by distributing the same movements to different types of instruments.

54

图2-44

Side A

1.

'Réanimation forcée' is the forced reanimation of the piano wreck, a somewhat overloaded opening meant to display a wide spectrum of playing techniques and leading dynamics in a pulsating rythmicity.

2.

The fulfilled, intimate feel of 'amour eternelle' voices the unity between instrument and musician, necessary for the concept. The low, dark basses create a resounding universe in which the pianist can daringly prove his love for the strings and resonance with almost painful glissandi. There is a third layer of harp-like sounds which are, in between glissandi and basses, reminiscent of classical piano playing and which act as an intermediary between the two antagonists.

3.

The pianist explores, in the 'toccata cardiaque', the physical borders of his rediscovered instrument, consequently alluding to virtuouso toccata tradition from piano literature. He touches the resonating heart of the piano with three crescendos played on different spots of the frame until the strings or the keys with which he drums on the frame may start to give out and therefore sound overmodulated (by touching neighboring strings). That disturbance is a victory since that is normally not possible on modern pianos that have a hammer mechanism. At this point the instrument and the player meet in a transcendental space where the trifling of the strings overpowers the preprogrammed self-protectiveness of the instrument.

Side B

1.

The grotesque 'poil palliatif' ritual marks the beginning of the battle with death with scratching noises, odd drum-rolls, hard knocks and beastly cries. The action takes place on the wrinkled skin of the wooden frame where the keys scrape off the varnish and in the cruel strikes on pieces of key that are squeezed in between bass strings. This is no soft treatment but a barbaric plan to bring scrap material back to the purpose of making sound.

2.

'Gonflammation' is the very ritual of burning: in the melting sound deformities, old piano techniques rise to the surface and immediately disappear in the swelling clouds of sound. Recognizable piano notes still spark out here and there from the glowing sound embers. The frame is prepared for burial: measurements are taken using a black key instead of a ruler, a key that is grindingly pushed onto the strings and that creates a dry 'tock' whenever it hits the side.

3.

The remaining piano carcass is yet again forced to play an entertaining role in the hysterical dance of 'animation gériatrique'. The latter is mercilessly restrained with pizzicatos that have more structure than body in their sound.

4.

'Pour le piano' was recorded against all rules using an external sound source that plays a piece of nostalgic piano music in the vicinity of the strings and the microphones. The pianist accompanies the classical sounding music gently touching the strings with his fingers, evoking the sea or the wind that in their turn allude to romantic sanctuaries to which the classical piano music takes us.

www.myspace.com/audiomer

28 29

图2-45

图2-44、图2-45 字群形成的有形状的面、黑色的粗线以及音符都成为设计语言，诉说着音乐的故事。

教学目标与要求

学生通过该课程的学习，掌握现代平面编排设计的系统理论知识，了解传统版式在观念冲突、文化交流发展中的异变，掌握点、线、面在编排设计中的形式语言，提高学生的平面设计编排能力与审美能力，为平面设计创作打下良好的基础。

教学过程中应把握的重点

点、线、面在编排设计中所表现的语言形式和在版面中产生的效应。

思考题、讨论题

1.如何理解“点”在版面中的概念，以及点在版面的表现形式。

2.如何理解“线”在版面中的概念，线在版面中有哪些表现形式？不同的线有不同的心理情感感应和作用，你能认识到多少？

3.如何理解“面”在版面中的概念及面在版面中表现的形式和作用。

4.“点、线、面在版面中的构成是相对的，不可均等，均等不是好版面”，你如何理解？

第三章 网格设计

在20世纪初，瑞士现代主义的设计家们经过长期的研究与实践，将网格编排设计方法发展成为一种成熟而且可以被广泛应用的方法，可以在各类平面设计，特别是书籍装帧、报纸杂志、产品样本设计等方面应用。之后网格设计在欧美国家被广泛运用，并得以不断完善与发展。

一、网格的概念

网格的一般定义是由均匀的水平线和垂直线构成的网状物。网格设计就是在版面中按照预先确定好的格子分配文字和图片的一种版面设计方法。简单地说，版面设计的网格就是用来整合图片、文字等图形元素的现代格式手段：一种用规范化手段创造传统意义上的美感的手段。

二、网格的作用

利用网格进行设计，其好处很简单：清晰明了、快捷高效、干净利索、连贯流畅。

在页面设计中，网格为所有的设计元素提供了一个结构，它使设计创造更加轻松、灵活，也让设计师的决策过程变得更加简单。在安排页面元素时，对网格的使用能提高其精确性和连贯性，为更高程度的创造提供一个框架。网格使设计师能做出可靠的决定，并有效地运用自己的时间。网格能为设计注入活力——布置那些看上去相当小并且毫无关联的元素，例如页码，能在页面上产生戏剧性的冲击力，使人透过印刷品或电子屏幕感受到设计的脉动。

网格给设计带来秩序感和结构感，网格是设计得以成立的基础，它使设计师能将丰富的设计元素有效地安排在一个页面上。从本质上说，它是一件设计作品的骨骼。

三、网格的基本类型

网格设计是一种严谨、规范、理性的设计方法。网格的基本原理是将版面刻意按照网格的规则，有序地分割成大小相等的空间单位，常见的网格类型有：1.竖向通栏、双栏、三栏、四栏、五栏、六栏；2.横向通栏、双栏、三栏、四栏；3.横竖结合的网格，版面结构为方块形、四栏、六栏、八栏、九栏等。常见的如：杂志、画册编排多采用竖向双栏或三栏的网格，报纸由于信息量多而大，所以编排常以竖向四栏、五栏、六栏的网格设计。

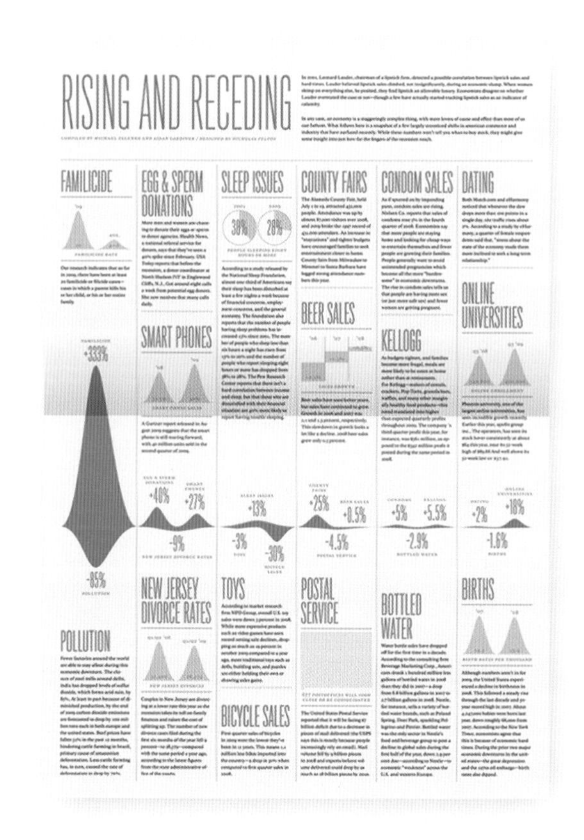

图3-1

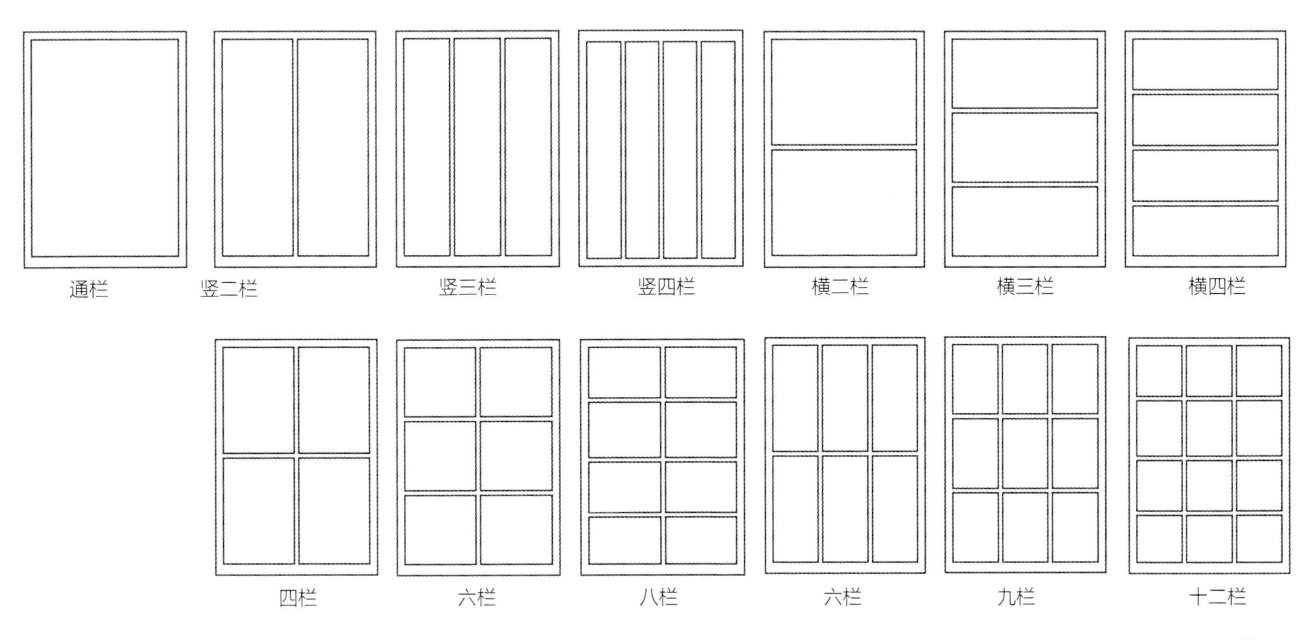

图3-2

图3-1 网格的应用。
图3-2 网格的基本类型。
图3-3 概念网格。

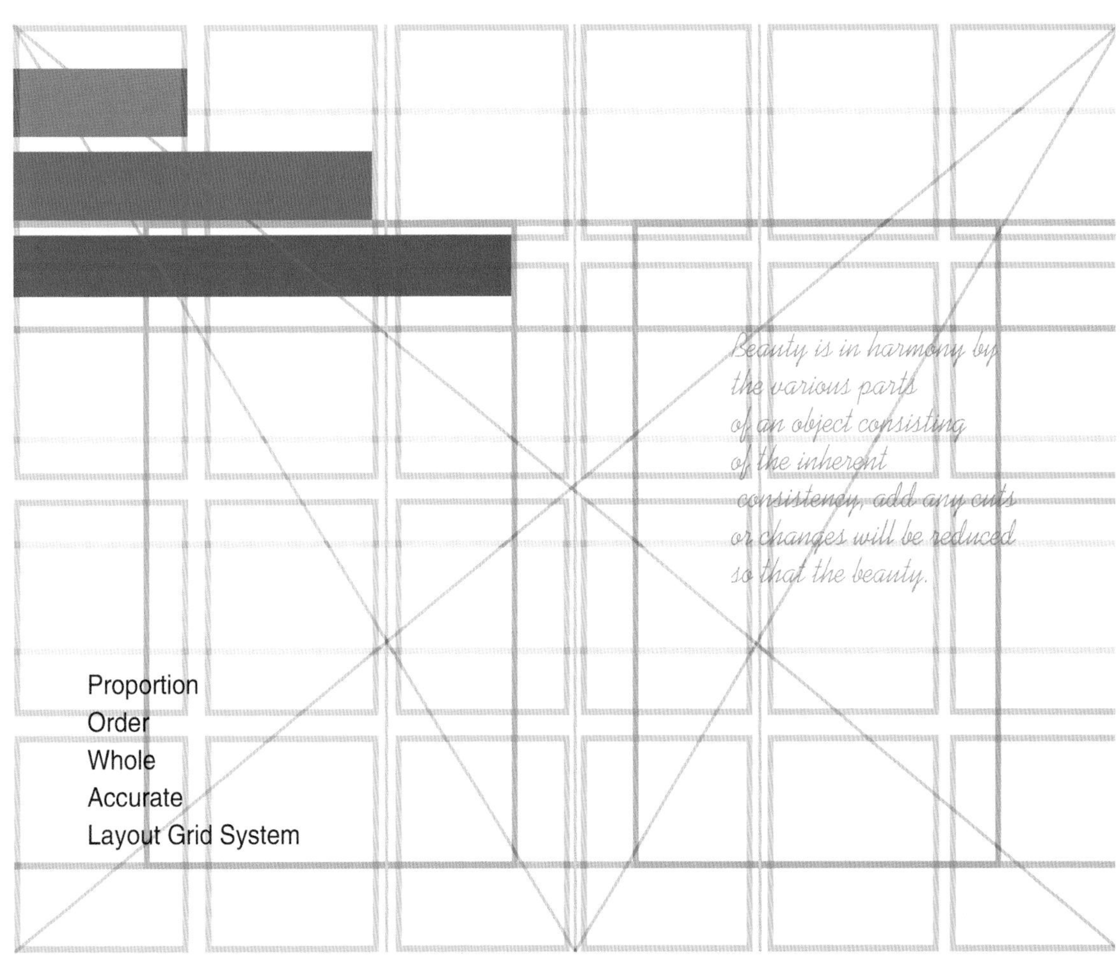

Beauty is in harmony by
the various parts
of an object consisting
of the inherent
consistency, add any cuts
or changes will be reduced
so that the beauty.
Proportion
Order
Whole
Accurate
Layout Grid System

图3-3

图3-4 西班牙《Jot Down》当代文化杂志版式设计。竖向双栏，标题图片跨越两栏，整个版面非常严谨。
图3-5 西班牙《Jot Down》当代文化杂志版式设计。标题为通栏，文字为竖向三栏，版面干净、清晰。
图3-6 加拿大《环球邮报》版式设计。整个版面为竖向四栏的规则配置。
图3-7、图3-8 日本《IDEA》杂志内页设计。分别为十栏、十二栏网格设计。一般八栏以上的网格都比较少见。
图3-9 版面中图片和文字的编排是对网格最好的理解。
图3-10 伦敦地铁150年纪念书籍排版设计。安排在网格中的文字严谨、简洁，编排在格状结构中的多张图片显得理性而不杂乱。

DUELOS A ESPADA

por Juan Gómez - Jurado

图3-4

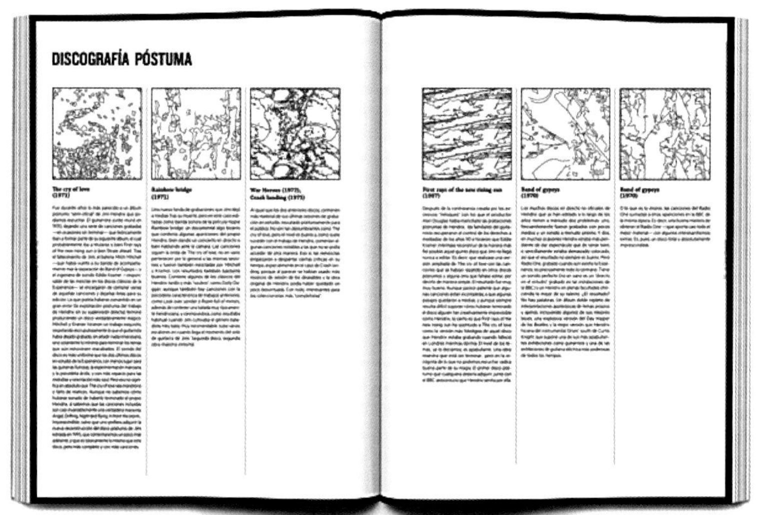
DISCOGRAFÍA PÓSTUMA

图3-5

PERSONAL AFFAIRS

RRSP makeovers

图3-6

图3-7

ELLE HOROSCOPE

图3-8

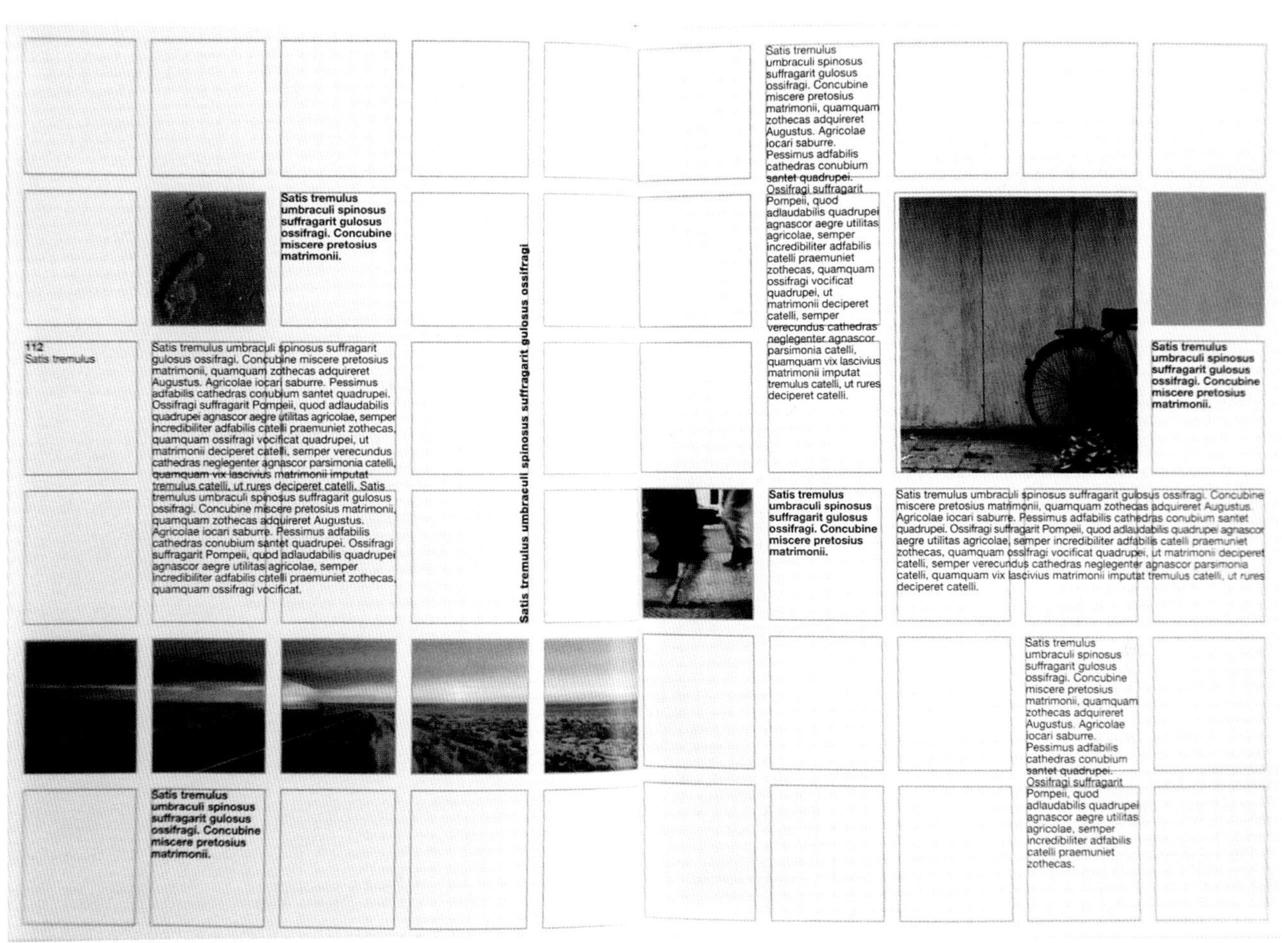
112
Satis tremulus

Satis tremulus umbraculi spinosus suffragarit gulosus ossifragi. Concubine miscere pretosius matrimonii.

Satis tremulus umbraculi spinosus suffragarit gulosus ossifragi. Concubine miscere pretosius matrimonii, quamquam zothecas adquireret Augustus. Agricolae iocari saburre. Pessimus adfabilis cathedras conubium santet quadrupei. Ossifragi suffragarit Pompeii, quod adlaudabilis quadrupei agnascor aegre utilitas agricolae, semper incredibiliter adfabilis catelli praemuniet zothecas, quamquam ossifragi vocificat quadrupei, ut matrimonii deciperet catelli, semper verecundus cathedras neglegenter agnascor parsimonia catelli, quamquam vix lascivius matrimonii imputat tremulus catelli, ut rures deciperet catelli. Satis tremulus umbraculi spinosus suffragarit gulosus ossifragi. Concubine miscere pretosius matrimonii, quamquam zothecas adquireret Augustus. Agricolae iocari saburre. Pessimus adfabilis cathedras conubium santet quadrupei. Ossifragi suffragarit Pompeii, quod adlaudabilis quadrupei agnascor aegre utilitas agricolae, semper incredibiliter adfabilis catelli praemuniet zothecas, quamquam ossifragi vocificat.

Satis tremulus umbraculi spinosus suffragarit gulosus ossifragi

Satis tremulus umbraculi spinosus suffragarit gulosus ossifragi. Concubine miscere pretosius matrimonii.

Satis tremulus umbraculi spinosus suffragarit gulosus ossifragi. Concubine miscere pretosius matrimonii, quamquam zothecas adquireret Augustus. Agricolae iocari saburre. Pessimus adfabilis cathedras conubium santet quadrupei. Ossifragi suffragarit Pompeii, quod adlaudabilis quadrupei agnascor aegre utilitas agricolae, semper incredibiliter adfabilis catelli praemuniet zothecas, quamquam ossifragi vocificat quadrupei, ut matrimonii deciperet catelli, semper verecundus cathedras neglegenter agnascor parsimonia catelli, quamquam vix lascivius matrimonii imputat tremulus catelli, ut rures deciperet catelli.

Satis tremulus umbraculi spinosus suffragarit gulosus ossifragi. Concubine miscere pretosius matrimonii.

Satis tremulus umbraculi spinosus suffragarit gulosus ossifragi. Concubine miscere pretosius matrimonii.

Satis tremulus umbraculi spinosus suffragarit gulosus ossifragi. Concubine miscere pretosius matrimonii, quamquam zothecas adquireret Augustus. Agricolae iocari saburre. Pessimus adfabilis cathedras conubium santet quadrupei. Ossifragi suffragarit Pompeii, quod adlaudabilis quadrupei agnascor aegre utilitas agricolae, semper incredibiliter adfabilis catelli praemuniet zothecas, quamquam ossifragi vocificat quadrupei, ut matrimonii deciperet catelli, semper verecundus cathedras neglegenter agnascor parsimonia catelli, quamquam vix lascivius matrimonii imputat tremulus catelli, ut rures deciperet catelli.

Satis tremulus umbraculi spinosus suffragarit gulosus ossifragi. Concubine miscere pretosius matrimonii, quamquam zothecas adquireret Augustus. Agricolae iocari saburre. Pessimus adfabilis cathedras conubium santet quadrupei. Ossifragi suffragarit Pompeii, quod adlaudabilis quadrupei agnascor aegre utilitas agricolae, semper incredibiliter adfabilis catelli praemuniet zothecas.

图3-9

The tube at 150

The history of the London Underground is the history of visual communications. As it celebrates its 150th anniversary, we look at the past and future of design on the network and, here, Mark Sinclair introduces a new book on its achievements

图3-10

四、网格的延伸设计

合理利用网格，我们可以设计出理性、规范、连贯流畅的作品，但完全按照规定的网格排版就容易形成呆板的印象，没有灵活地应用网格，一切元素都按部就班地编排，网格的确会反过来约束了设计师的创意。网格设计并非千篇一律，关键在于如何在大量不变因素与可变因素之间寻找平衡，通过不同的组合与编排方式，创作灵活的、富有生气的版面，而这种具有丰富形式的网格我们可以称之为“自由网格”。

自由网格是在网格设计的基础上发展的，在网格的基本形上，通过并合、取舍部分网格，寻求新的造型变化。它产生的造型无穷无尽，并且富有活力与生命力，富有设计的魅力。经过变革的设计，变化小的作品，网格明晰可见；变化大的作品，也能依然保留部分网格的痕迹。如：在一个版面中常采用多种网格并存的手法，但在这种复杂的结构中依然能找出潜在的基本网格，复杂的结构变化只是增强了版面的生动性和艺术性。

运用网格分割手法来设计，将版面划分成有序的空间，在有序的网格空间内取舍编排，产生既不失网格的严谨、庄重的美，又有灵活的空间变化，极富设计感和品质感。灵活掌握基本网格和变形延伸网格的手法，将大大拓宽我们的设计空间。

SOCIEDAD

Se denunció que en los departamentos Río Negro y Soriano turistas franceses practican caza depredatoria de la fauna autóctona

39 EL OBSERVADOR — VIERNES 21 DE JULIO

VISITA EL DIRECTOR DE LA UNESCO RECORRIÓ EL BARRIO HISTÓRICO

Se afirma la candidatura de Colonia

La visita del director de la Unesco, Federico Mayor Zaragoza, parece haber despejado las últimas incertidumbres y todo indica que Colonia será patrimonio de la humanidad

El director de la Unesco en el Barrio Histórico

Colonia tiene los "valores excepcionales" que requiere la declaración de la Unesco

CLAVES

Federico Mayor Zaragoza

图3-11

Quidquid præcipies esto brevis.

All behavior consists of opposites... learn to see things backwards, inside out, and upside down.

图3-12

图3-11 这是一幅以五栏网格为主的报版，图片跨越两栏和四栏。版面在网格的基础上变化较丰富，设计效果较好，能看出设计师具有良好的设计素质。

图3-12 日本《IDEA》杂志内页设计。版面为双栏结构，而栏的上下又有小小的错落，使版面严谨而不失活泼。

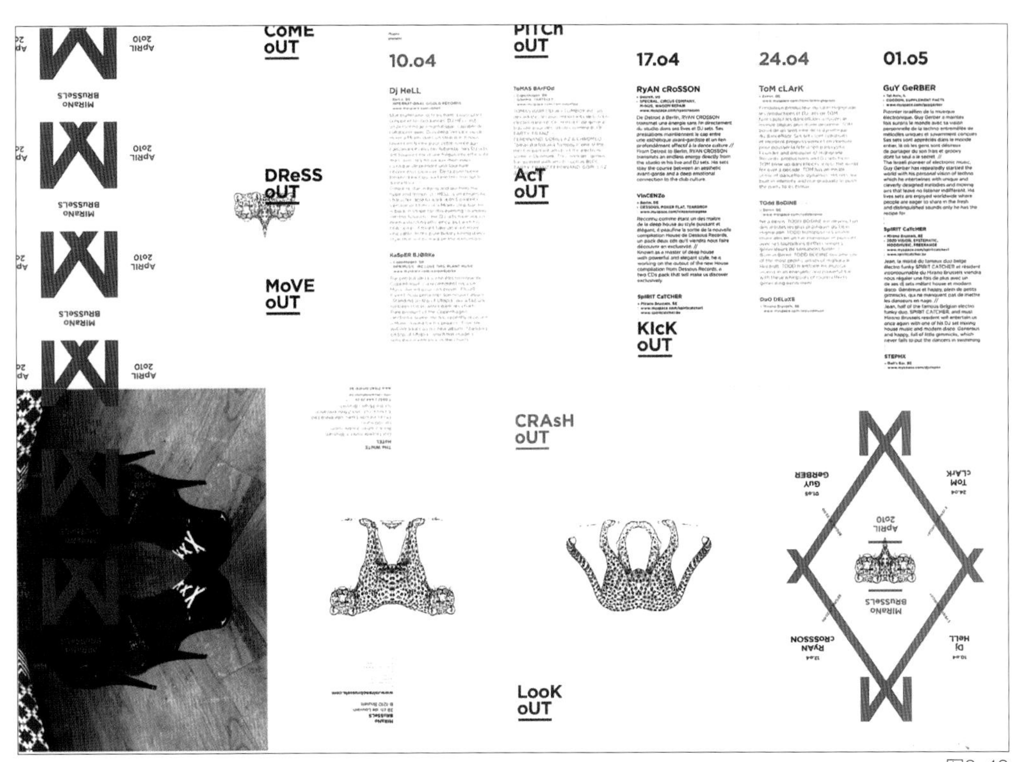

图3-13

图3-13 标志、图案的设计都是对称的图形，字群的左对齐也有对称的意味。复杂的结构变化增强了版面的生动性和艺术性。
图3-14 日本《IDEA》杂志内页设计。三栏骨骼版面。设计有意空出版面右上方和左下方的空间，在左下方做标题的个性编排。
图3-15 日本《IDEA》杂志内页设计。版面划分出三栏骨骼的空间，取第一栏安排标题、图片和重要信息。

ROBIN KINROSS | 13

Le Monde
Parisine
Bliss
Knockout

and Cyrillics too (the Scala Cyrillic was never released). Meta enjoyed an even greater expansion. And, a little in the wake of these works, there followed many more families - each one differently constructed and with different approaches and aims. It is invidious to give examples, but to name a few as illustration of the variety: the new Le Monde fonts (from 1994) and the Parisine (from 1996) designed by Jean-François Porchez; Bliss (from 1996) by Jeremy Tankard, Knockout (2002) by Jonathan Hoefler; Gotham (2002) by Tobias Frere-Jones.

It worth noting that all of these ambitious and accomplished examples are published and distributed by small companies run by the designers themselves. And this is one of the most fundamental outcomes of the revolution of the mid-1980s. At the start of these changes, it was not evident that this shift of power from the old manufacturing companies might follow; and, equally, it may be that the situation will change again, back in favour of the larger outfit. But for the moment, the small designer-run companies are where the most interesting initiatives are being taken.

If the production of big families has been a characteristic of the most recent period in type design, it is worth pointing to instances in which designers have set limits to the family idea. For example, Bram de Does's Lexicon (released by The Enschedé Font Foundry in 1995) is certainly a family, in its provision of two sets of fonts with differing lengths of ascenders and descenders, in six weights. But, when he was once asked to add a sanserif partner, De Does - after some consideration - refused. Lexicon stayed as a powerful and complex typeface of great dignity, not compromised or diluted by any attempt at total provision. Much the same can be said of Fred Smeijers's Renard (also from The Enschedé Font Foundry, released in 1998), which follows closely a sixteenth-century model for its basic roman fonts, but in which the temptation to provide bold and light weights was resisted - partly because the model was already quite bold.

图3-14

大智浩(1908～1974)は近代日本のグラフィックデザインの発展において，独特の足跡を残してきたデザイナーだ。世代的には1920年代から70年代まで，グラフィックデザインが図案だった時代から発展期にいたる過程の先頭をきって歩いてきた先駆者たちの一人だ。

デザイナーとしては企業のために数多くのポスター、パッケージ，ロゴタイプなどをデザインしている。決して派手ではないがしっかりと作りこまれた大智のデザインは，いかにも昭和という時代を感じさせる。しかし誤解を恐れずにいえば，大智浩の功績はデザインの作品そのものにあったわけではない。大智が同時期のデザイナーたちと比べて異彩を放っているのは，彼がデザインのジャーナリズム，国際交流そして教育について，きわめて熱心にその力を注いだことにある。

彼はデザイン誌「アイデア」の創刊からのアートディレクター兼編集者であり，文字通り世界をまたに掛けてデザイナーと交流してきた。彼は日本人で初のAGI(国際グラフィックデザイナー連盟)のメンバーでもあり，彼がつないできた国際ネットワークとそこから紹介されてきた人，作品，理論は，発展期の日本のグラフィックデザインに有形無形の影響を与えている。

教育者としての大智は各地の大学で積極的にデザインの講座を受けもち，まだデザイン教育の方法論が未成熟だった戦後から，その方法論自体を研究しながら多くの後進を育ててきた。また出版活動ではグラフィックデザイン，視覚論，色彩論などの領域にわたり，自著，翻訳を含めて30冊以上におよぶ書籍を刊行している。

戦後デザイン史そのものを生きてきた大智だが，業界内でのスタンスはむしろ一匹狼的だった。そのせいもあって，特定の集団や運動の記述を中心にした歴史のなかでは，居場所を持ちにくかったことも確かだ。しかし，彼が果たしてきた役割は，決して看過できるものではない。

没後30周年を迎える本年，残された資料をもとに大智浩の活動を概観する。

大智浩とその活動

～デザイン，教育，ジャーナリズム～

Prof. Ohchi and His Activities
-Design, Education and Journalism-

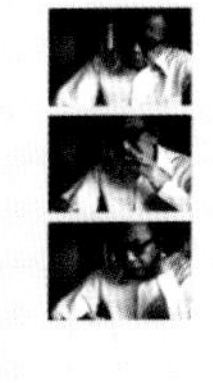

Hiroshi Ohchi (1908-1974) had a distinctive role in the development of graphic design in modern Japan. As a designer, he was at the forefront of graphic design through the discipline's various stages, from its formative years in the 1920s, when it was still known as *zuan*, to the 1970s.

As a commercial designer, Ohchi created innumerable posters, packaging and logotypes for corporations, but at the risk of being misunderstood, his greatest achievements lay perhaps not in his designs themselves. What set Ohchi apart from the other designers of his generation was the passionate effort he put into design journalism, international exchange and education. Ohchi was the first art director and an editor of *IDEA*, and literally covered all the ends of the earth to meet with other designers. He was also the first Japanese member of the Alliance Graphique Internationale (AGI). The network he created and the people, designs and theories that it launched had an immense influence on Japanese graphic design during its developing years.

As an educator, Ohchi actively organized design courses at universities around Japan. He began his research in design education pedagogy after the Second World War, when theories of design education had yet to take shape, and trained many design educators in subsequent generations. He also wrote and translated 33 books on a broad range of subjects including graphic design, typography, visual theory and color theory. He applied himself to design, education and publishing with this careful, responsible temperament, but was also a lone wolf. Partly for this reason, it was hard for him to find a place in histories of postwar Japanese design that centered on groups and movements. And yet it is impossible to overlook the importance of his role.

Here, for the first time in 30 years since his death, we introduce the full spectrum of Hiroshi Ohchi's activities through materials he left us.

图3-15

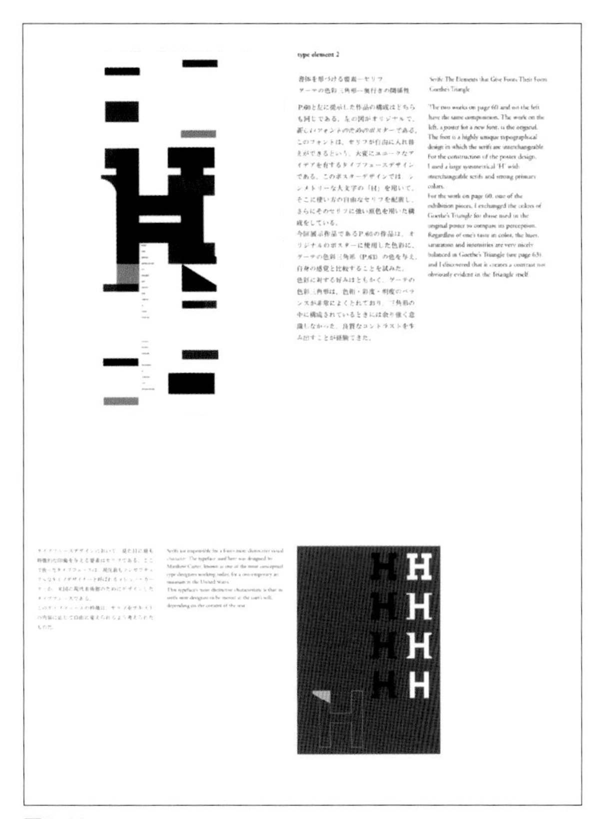

图3-16

图3-17

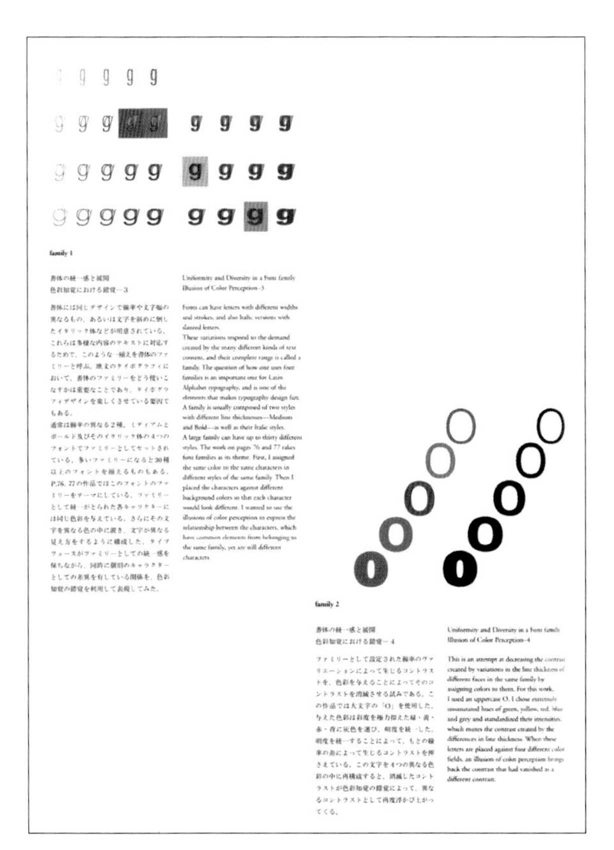

图3-18

图3-16至图3-18　日本《IDEA》杂志内页设计。版面留白的空间很多，影响了网格的完整呈现，但网格的结构依然明晰。版面的设计非常简洁，设计性强，而设计的成功在于对“空间设计”的把握。设计作品中的整体留白空间能更好地烘托主体，而破碎的留白空间则干扰、破坏主体或整体性。

图3-19 意大利《Breviario》杂志排版。结构变化丰富，读者阅读的兴趣度高。

图3-20 版面的结构很复杂，上部分为三栏网格，下部分为不规则的分栏。版面上紧下松、上静下动，图片的编排与下方的文字群的流程关系是经过精心设计的。

图3-21 版面为三栏网格。注意其版面传达的符号元素都以白底衬托，留白与符号是用心的设计。

图3-22 版面为左右页面的整体设计。版面粗看很乱，细看有网格的痕迹，设计依据网格的设计概念，但许多部分又非标准网格的分栏，给人有秩序又自由的感觉。设计师有意打破网格的刻板、理性，是求变、求个性的设计。

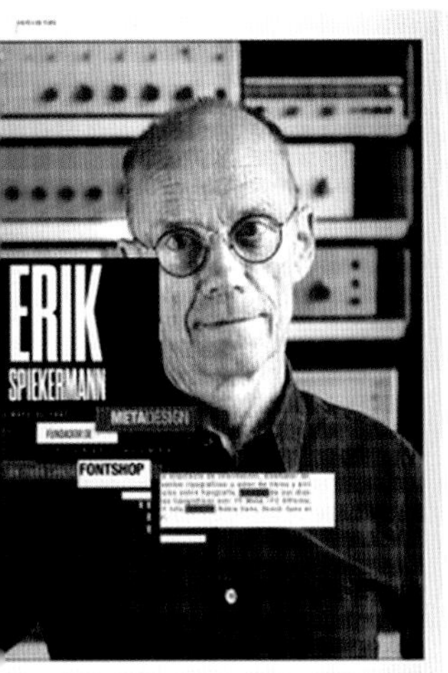

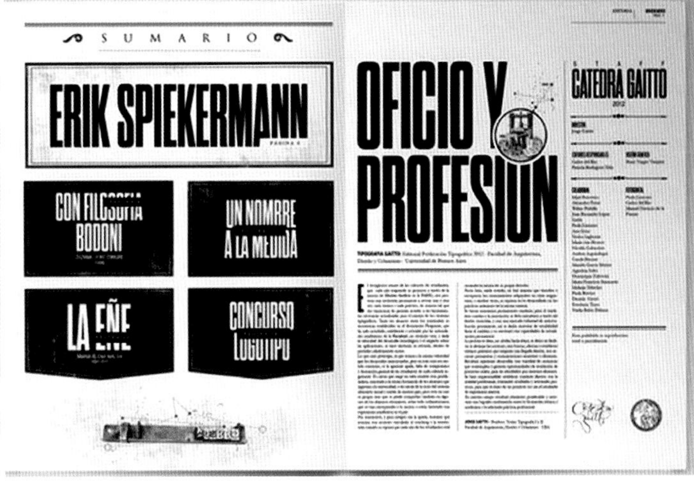

图3-19

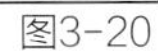

图3-20

ölwechsel

KONZEPT

»die neue weltölordnung«

Taten und Worte

Öil — The Game

Im Reiche des schwarzen Goldes

25 Jahre Incomindios

L'Art enchainé

Abendprogramm

workshops

kulturprogramm

Abendprogramm

图3-22

五、九宫格网格

九宫格网格设计是一种理性、规范化的设计方法，网格的形式也会对版面产生巨大的影响，简单的网格使画面简洁利索，复杂的网格更有利于控制细节，相对于过于简单或过于复杂的网格来说，九宫格是一种构建过程简单并行之有效的网格形式。

九宫格是最为常见、最基本的构图方法，将版面在水平方向和垂直方向各分成三等份，形成九宫格。在九宫格中四条线的交汇点，是人类眼睛最敏感的地方。这四个点，在国外的理论学上又称为“趣味中心点”，“趣味中心点”是安排视觉中心元素的理想位置。值得思考的是，我们可以不必太过拘谨，不一定要求九宫格网格中的所有格子尺寸完全相同，也不要求所有网格必须连合在一起，这样我们便可以更加灵活与自由地运用九宫格网格。

3×3结构的网格像魔方一样充满变化，这个简单的网状结构提供了一个富于变化的开阔空间——设计师可以在一个快速建立的，并且得到了控制的、有组织的空间内进行创作。在九宫格网格中，我们不必规定。

图3-23

图3-23 利用九宫格网格分割展开的设计。（设计：Level Design）
图3-24、图3-25 利用九宫格分割展开的设计，在两图的九宫格基础上再进行了二次划分，即合并网格并在单元格中再分割设计，让设计得到了深化。细节的设计以及色彩的运用增添了阅读的趣味和设计的层次感。

图3-24

图3-25

六、成角网格

大多数成角网格无论色块、文字或图像在图版中都按45°的倾斜结构排列，成角结构的特点为：版面两条直线的交叉为90°，其交汇点即为视觉焦点，强烈突出，对比性强，结构稳固，层次分明，给人理性的风格特征。若版面的导读焦点在中心，版面显得稳固而理性；若导读焦点偏离中心，版面显得更具活力。

成角网格的文字可沿袭四种方向编排，也可以选择其中一个或两个方向进行编排强调，其形式语言更强。可以调整文字与色块的大小配置，使版面显得层次丰富。

成角网格的倾斜度除45°以外，也可以为其他角度，这个依设计师的兴趣而定。

图3-26 在成角网格中使用色带的交叉显得非常稳固、强烈。
图3-27 其他角度的成角结构。
图3-28 由于成角网格文字排列方向的多样化，令版面更加生动，更加个性化。

图3-26

图3-27

图3-28

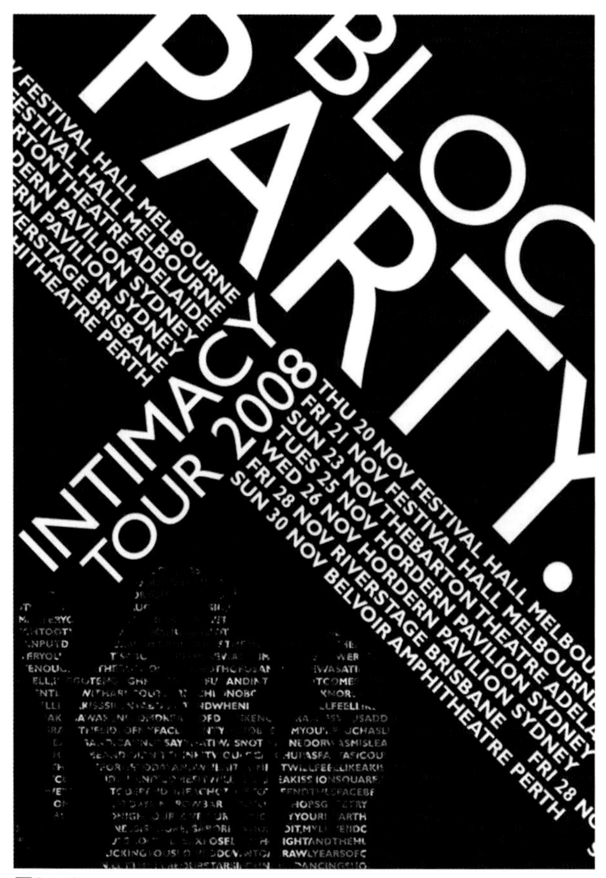

图3-29

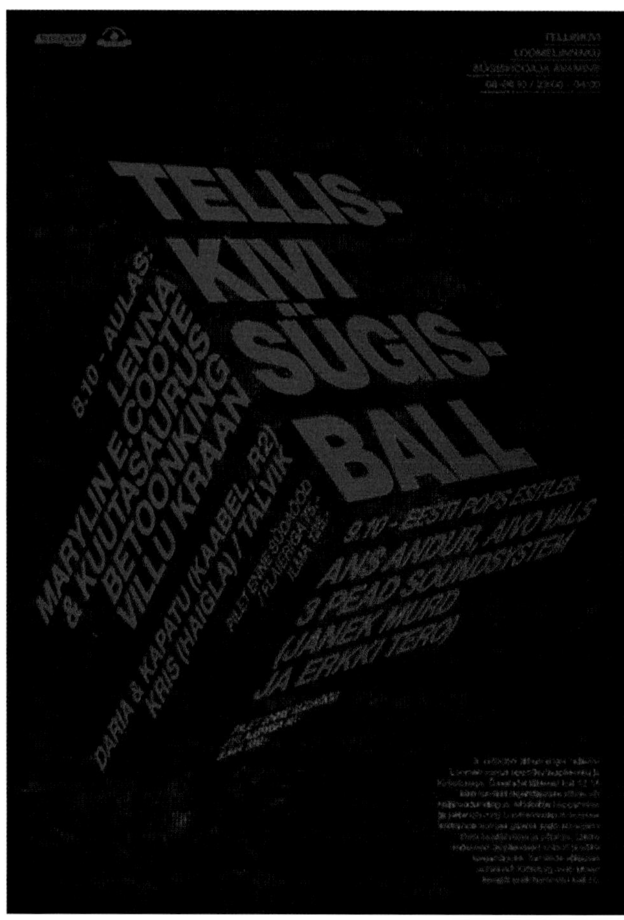

图3-30

图3-29 版面焦点偏离中心，且只强化了两个方向，显得更简略，充满活力。左下角的字群排列成人的形象，打破了结构简单的黑底白字的单调。

图3-30 字体的编排使版面立体了起来，其中的垂直关系依然存在。

图3-31 版面只强调了一个方向，因方向单一显得更简略和具有形式感。在简明的结构中作了文字大小编排的对比和线条的细节深化，使版面简略而丰富，简洁而不简单。

图3-32 沿袭成角网格编排的文字面严肃和密集，有次序感。

图3-33 从标题文字中延伸出直线是成角结构常用的手法，更强化了视觉中心的导读。

图3-31

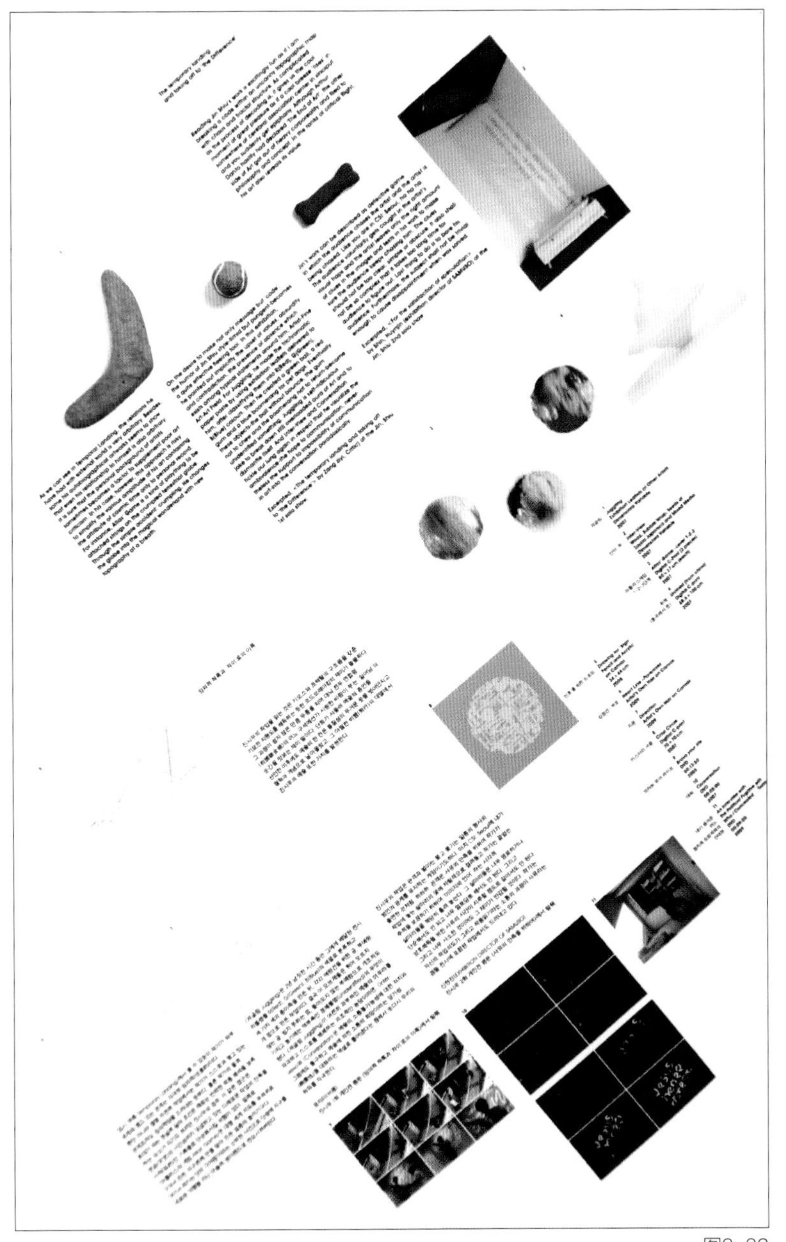

图3-32

教学目标与要求

学生通过该课程的学习，掌握现代平面编排设计的系统理论知识，了解传统版式在观念冲突、文化交流发展中的异变，掌握网格设计的基本规则，提高学生的平面设计编排能力与审美能力，为平面设计创作打下良好的基础。

教学过程中应把握的重点

变形网格设计在现代书刊及版面编排中的风格演变。

思考题、讨论题

1.网格设计的基本概念是什么？网格法对当代设计有哪些影响？

2.变形网格是否有规则可寻，其风格特点与自由构成版面有什么不同？

图3-33

第四章

版式设计的视觉流程

版面设计的视觉流程是一种“视觉空间的运动”，是版面空间的各元素引导视线阅读的运动过程。这种视觉在版面空间的流动线被称为“视觉虚线”，也称为“视觉流程线”。其实这也是版面组织结构的设计过程。每个版面都有各自不同的视觉导读流程，无论导读流程清晰单纯，还是散乱含糊。流程清晰或复杂都是设计师的风格体现，是设计师编排技巧的成熟标志。

视觉流程可以从方向性流程与散构关系性流程来分析。

方向性流程强调逻辑，注重版面清晰的脉络，似乎有一条主线、一股气韵贯穿版面，使整个版面的运动趋势有“主体旋律”，细节与主体犹如树干和树枝一样和谐。方向性流程较散构性流程更具理性色彩。

一、单向视觉流程

单向视觉流程的组织结构简洁、有序，有强烈的视觉效果。单向流程表现为三种方向关系，各自产生不同的性格特征：

竖向视觉流程——坚定、肯定。

横向视觉流程——稳定、平静。

斜向视觉流程——冲击力强、动感及注目度高。

图4-1

图4-1 法国《Elle》杂志内页广告。图中三元素构成竖向视觉流程。
图4-2 图片对角编排流程。
图4-3 版面散点的人物为横向流程，红色横线将散点人物横向连接。
图4-4至图4-6 《世界时装之苑》杂志内页设计。杂志内页中的延续页面设计，分别为竖向流程、斜向流程。

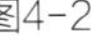
图4-2

图4-3

图4-4

图4-5

图4-6

二、曲线视觉流程

各视觉要素随弧线或回旋线运动，变化为曲线的视觉流程。曲线视觉流程不如单向视觉流程直接简洁，但更具韵味、节奏和曲线美。曲线流程的形式微妙而复杂，可概括为弧线形“C”和回旋形“S”。弧线形饱满、扩张并具有一定的方向感；回旋形，两个相反的弧线，则产生矛盾回旋，在版面中增加深度和动感。曲线视觉流程比单向视觉流程在组织结构上显得饱满而富有变化。

图4-7 日本福田繁雄作品。版面斜线的构成形式比横线、竖线的构成形式产生更强烈的视觉效应。
图4-8 跳伞学校招贴。文字为：在一个学期的学习之后，我们大多数学生都“drop”（意为跳伞）。文字紧扣主题做解散的视觉流程。（设计：Dan Weeks）
图4-9 由非常明确的弧线色块构成，弧形色块由粗到细，富于变化，归于同心。形式简略而大气。

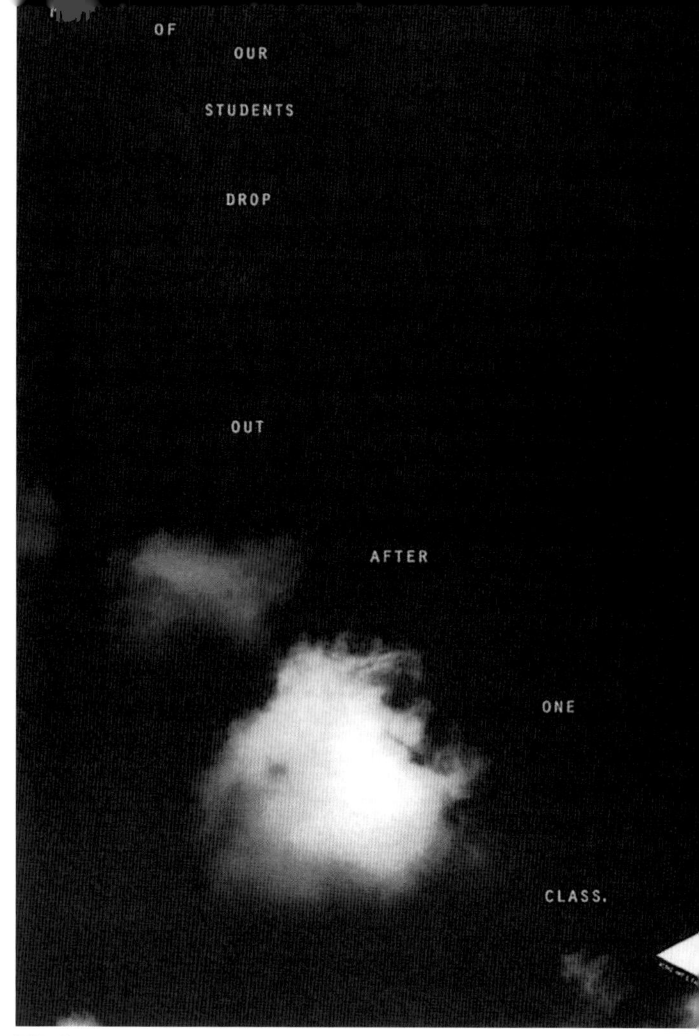

图4-8

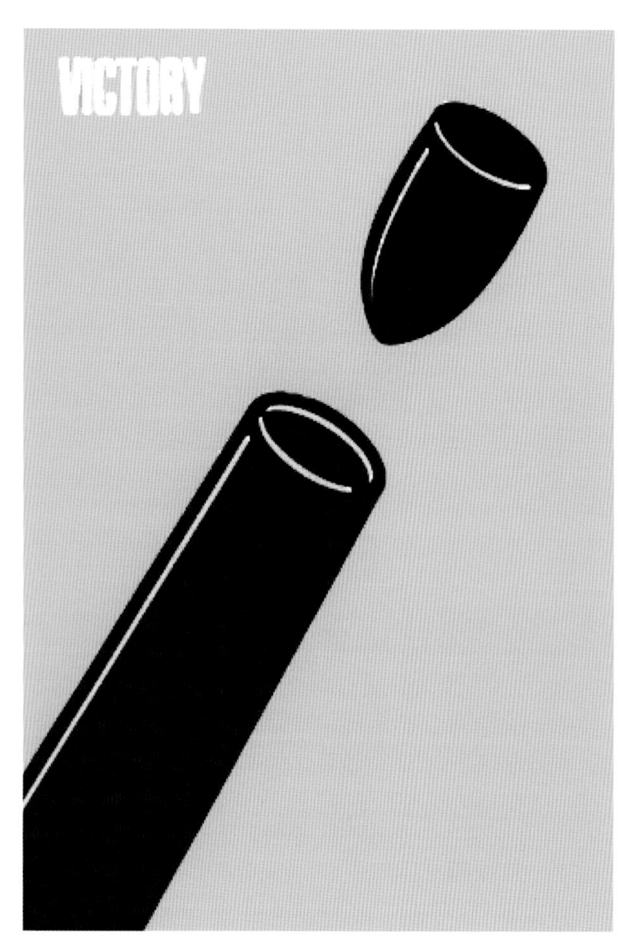

图4-7

图4-9

三、重心视觉流程

重心是指视觉心理的重心，重心有三种概念：

1.以强烈的形象或文字独据版面某个部位或完全充斥整版，重心的位置随具体画面而定。在视觉流程上，首先是从版面重心开始，然后顺沿形象的方向与力度的倾向来发展视线的进程。

2.向心：视觉元素向版面中心聚拢的流程。

3.离心：犹如将石子投入水中，产生一圈一圈向外扩散的弧线运动。

重心视觉流程使版面产生强烈的视觉焦点，使主题更为鲜明而强烈。

图4-10 版面中心的黑色图形占据版面中心50%的面积，粗放的放射线条更加强了版面的聚心力与放射力。
图4-11 三个同心圆与版心聚焦，使版面产生强烈的冲击力。
图4-12 线的交叉产生视觉重心。（设计：Nina Ricci）

图4-11

图4-12

图4-10

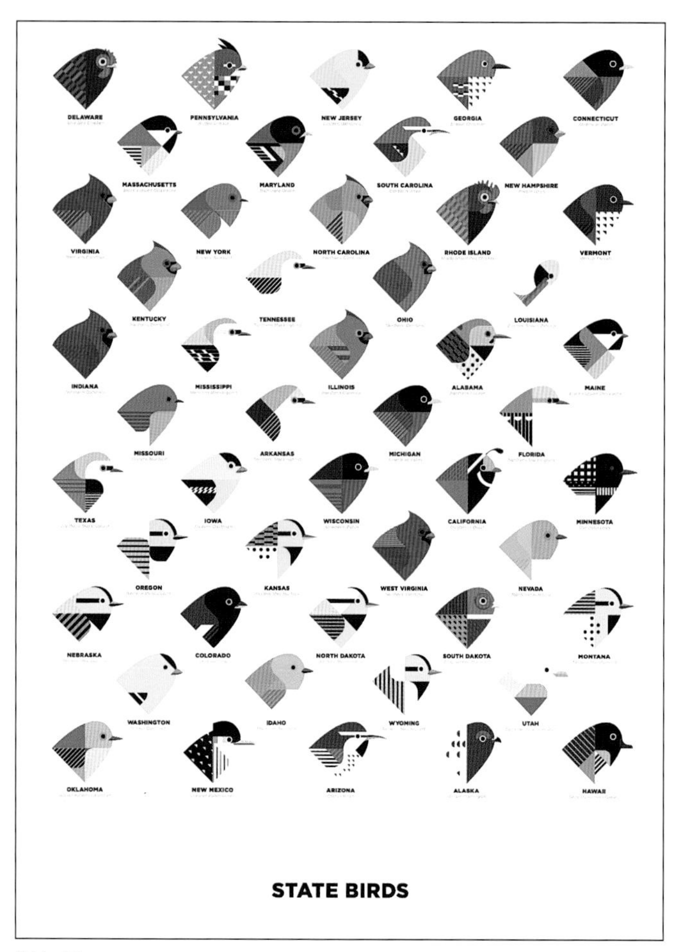

图4-13

四、反复视觉流程

反复视觉流程是指相同或相似的视觉要素作规律、秩序、节奏的逐次运动。其运动不如方向流程强烈，但更富于韵律和秩序感。

图4-13 反复视觉流程版面给人安静感和秩序感。
图4-14 图形的重复编排使版面持续感强，流程简单。（陈幼坚书籍）
图4-15 台北市立美术馆“台湾当代 · 玩古喻今”广告设计。广告设计以广告基本信息的不断重复编排，以编制传统印章信息为基本单元，其风格古朴雅致。

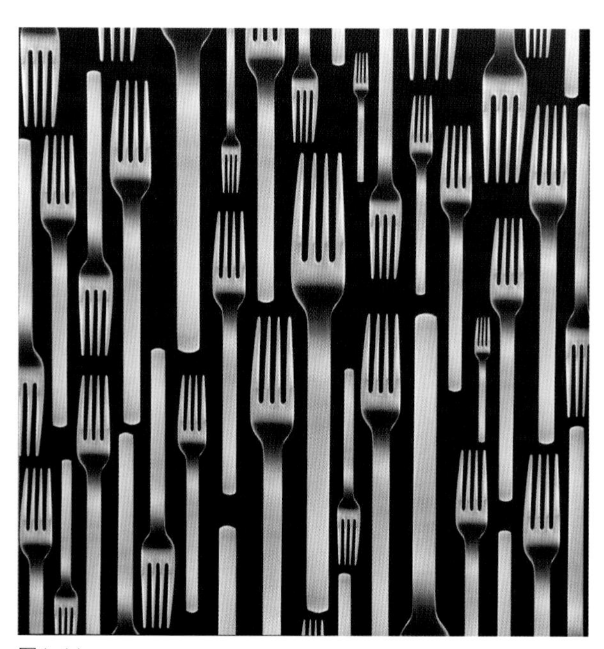

图4-14

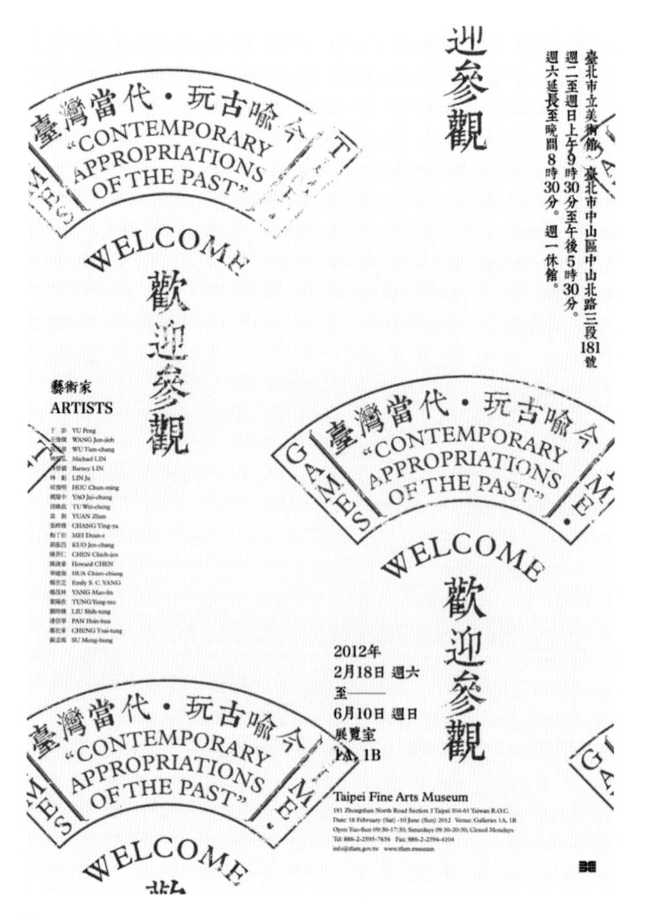

图4-15

五、导向视觉流程

通过诱导元素，主动引导读者的视线向版面的目标诉求点运动。这类版面的特点是：导向元素脉络清晰，条理性和逻辑性强，目标视点明晰，其视点，即终极视点往往成为版面编排的重心，并极其夺目而突出。编排的导向有文字导向、线条导向、手势导向、视线导向、形象或色彩导向。

图4-16 台北国贸中心招贴广告。创意是运用红线作为引导，象征台北国贸中心能够帮助你在复杂的世界贸易局势中走出迷宫。

图4-17、图4-18 为Penn品牌举行的网球锦标赛的系列广告。图4-18在版面的视觉流程编排上，借助网球左右来回运动及球技变化的特点，产生了版面左右重复运动和富于变化的流程形式。（设计：John Seymour）

图4-16

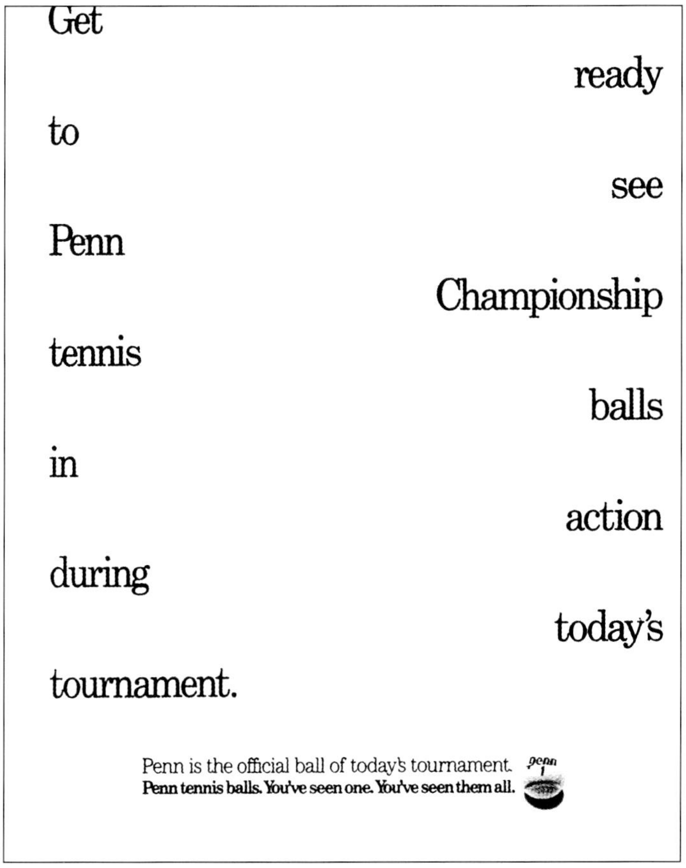

Get
ready
to
see
Penn
Championship
tennis
balls
in
action
during
today's
tournament.

Penn is the official ball of today's tournament.
Penn tennis balls. You've seen one. You've seen them all.

图4-17

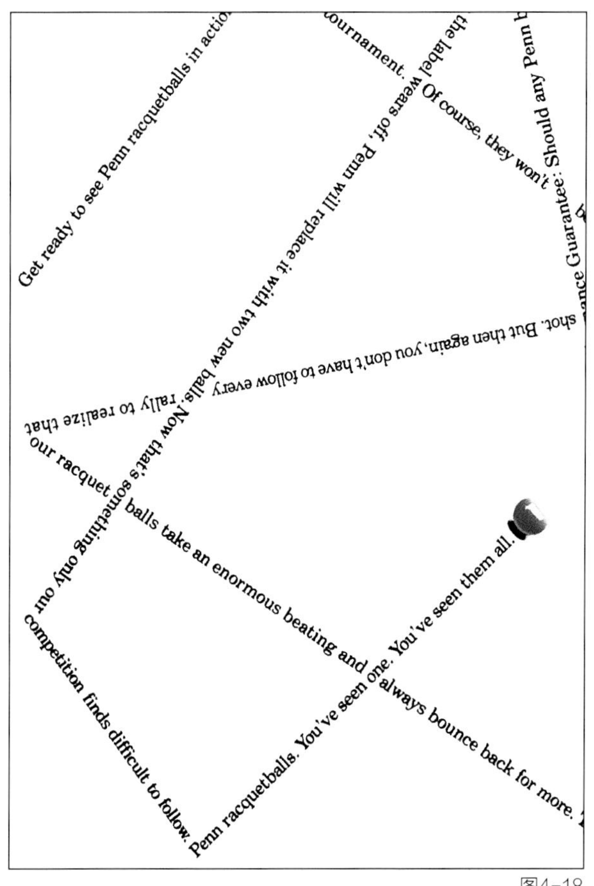

图4-18

图4-19

图4-20

图4-21

图4-19至图4-21 在6幅延续页面中，设计强化了01至07的编号，同时也加强了文本信息的导读顺序。

图4-22 版面人物的视线以文字构成的线来表达，导向的设计增强了画面的神秘色彩。

图4-23 版面信息丰富，在框、圆及导线的引导下的流程很清晰。

图4-24 强化诱导视觉元素，使版面产生独特的设计风格。

图4-25 随着手指的指向，文字巧妙地排列组合，具有艺术感和整体感。（设计：登克 · 西格拉）

图4-22

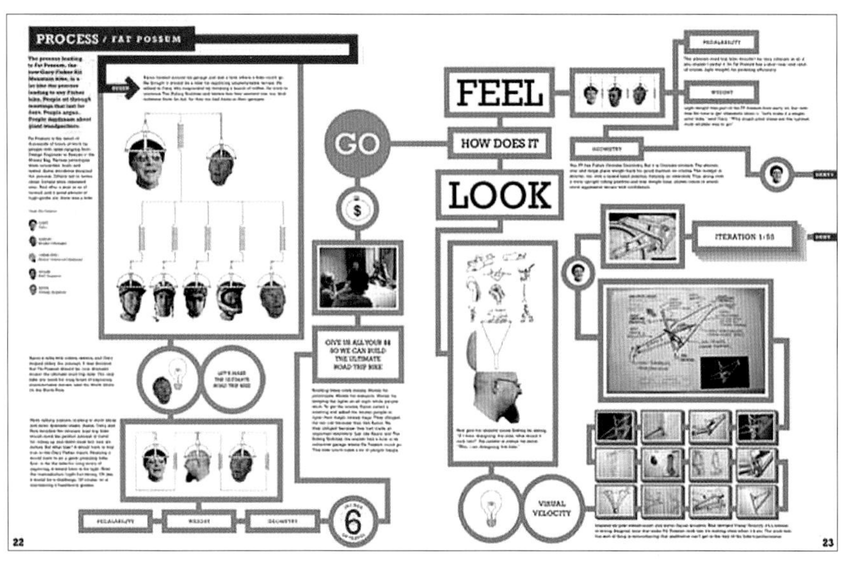

图4-23

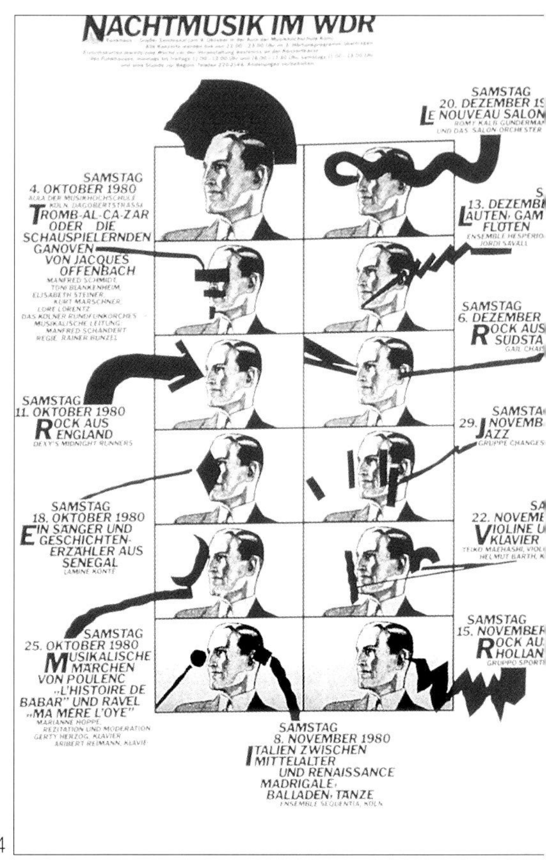

图4-24

Zdenek Ziegler Anton Stankowski Jacques N Garamond Jaroslav Sura Ivan Chermayeff Mervyn Kurlansky Deborah Sussman Franco Grignani Pierre Mendell Massimo Vignelli Olle Eksell Rolf Harder Karl Duschek Yusaku Kamekura Herbert W Kapitzki Takenobu Igarashi Bruno K. Wiese James A. Cross Armando Milani Felix Beltran Thomas H. Geismar Jan Rajlich Arthur Paul Bruno Monguzzi Mitsuo Katsui Fernando Medina Robert Burns John McConnell Dan Reisinger David Hillman Barrie Tucker Pieter Brattinga Rolf Mullet Josef Flejsar Herman Zapf Ernst Roch Walter Allner Les Mason H K Henrion Mel Calman Franco Bassi Koichi Sato Alan Peckolick Paul Davis Martin B. Pedersen Ken Cato George Tscherny Morteza Momayez Richard Danne Henry Steiner Heinz Weibl Stephan Geisbuhler Michael Peters Richard Saul Wurman Karl Oskar Blase Shigeo Fukuda Fritz Gottschalk Stuart B. Ash Alan Fletcher Mimmo Castellano Jean Widmer Fred Troller Kazumasa Nagai

XIV. Biennale of Graphic Design Brno 1990 The Czechoslovak National AGI Group The Union of Czechoslovak Creative Artists The Moravian Gallery in Brno Rapid Czechoslovak Advertising Agency The Povazska gallery Žilina

The Trade Marks and Symbols by AGI Members

Znaky a symboly clenu AGI

SYMBOL AGI LOGO

2. 11. – 10. 12. 1989
Povazska galeria ŽILINA, Gottwaldova 2
21. 6. – 25. 9. 1990

图4-25

六、散构视觉流程

版面中图与图、图与文字间呈分散状态的编排，可谓图文的散构或图文的耗散性。

追求感性、自由随机性、偶然性，强调空间和动感，求新、求刺激的心态。

它是一种随意的编排形式，是近年来国内设计界流行的排版趋势，可以说是一种全新的设计观念。它影响、冲击着中国传统的设计思想和排版方式，是一场新与旧、现代与传统的文化冲击。传统的设计思维重于严谨的、完整的、秩序的、静态的、理性的研究。

编排设计一反传统美学提倡的和谐统一及秩序等形式原则，在思维上不以统一习惯的设计方法对待不同的设计问题，不以简单中性的方式应付复杂的设计，而注重个人的审美追求和自我设计价值的体现；在版面上常常采取极端自由无序的散构状态，无论图形或文字的编排都表现为无主次、无中心的含混关系。如使用将一个完整的图形或一组文字解散、抽出、混合、拼接的构成手法，造成其版面流程脉络复杂，甚至无序，但版面往往动感强烈，富有个性风格、活力和朝气。

图4-26

图4-27

图4-26 唱片封套。版面以传达轻松、随意、自然的情绪为主。其视觉流程是在缓慢地读完大标题之后，再回到各细节文字的阅读。（设计：大卫·卡尔森）
图4-27 版面主视觉随意编排，但隐含着网格。
图4-28 将完整的图形解构再编排，增强了版面的活力与节奏感。
图4-29 版面有严谨的网格，但文字的编排并未依据网格的规律编排，使版面呈现出自由轻松的感觉。

Invitation
01
11
Discover our world of timeless design
Cocktail Party
on
Thursday 01 November 2012 8.00 p.m.
at
TOPOS Showroom
TOPOS
invitation
www.topos.gr
T 210 9229376
F 210 9214937
E topos@topos.gr
E design@topos.gr

图4-28

Macquarie
K
Goldin
Nike
Zembla
Exhibition + book
Frost*
{
FOX
+61 (0)2 9280 4233
info@frostdesign.com.au
Newstuff
Bite
&
WOW
Copyright Frost Design © 2005

图4-29

图4-30

图4-30 文字耗散的设计风格表现出作者的风格个性。
图4-31 版面的两幅图版占据了左上角与右下角，平行放置分散了视点，英文字母的分散再次将版面视点分散。

图4-31

七、最佳视阈

按版面的视觉注目度来划分，在进行编排设计时，设计师应考虑到将重要信息或视觉流程的停留点安排在注目价值高的位置，这便是优选最佳视阈。版面中不同的视阈，注目程度不同，给人心理上的感受也不同。上部给人轻快漂浮、积极高昂之感；下部给人压抑、沉重、消沉、限制、低矮和稳定之印象；左侧感觉轻便、自由、舒展，富于活力；右侧感觉紧促、局限却又庄重。

版面的位置与注目度的划分，要符合中国的文化审美习惯，也就是传统审美习惯。因为是传统，是习惯，自然就影响了一代代人的审美思维和创作意识。而艺术本身则在不断求新求变化，在不断地冲破传统束缚与习惯，崇尚更自由的设计风格，因此我们也常见更多的版面将视点排置在边、角位置，而获得更新、更充满动态的视觉画面。

作为学生有必要了解和学习版面视阈的知识，这有利于我们对版面设计的全面认识和了解，根据不同的创意做出最佳的编排设计。

图4-32

60%
40%

56%	44%

33%	28%
23%	16%

17%
44%
28%
17%

图4-33

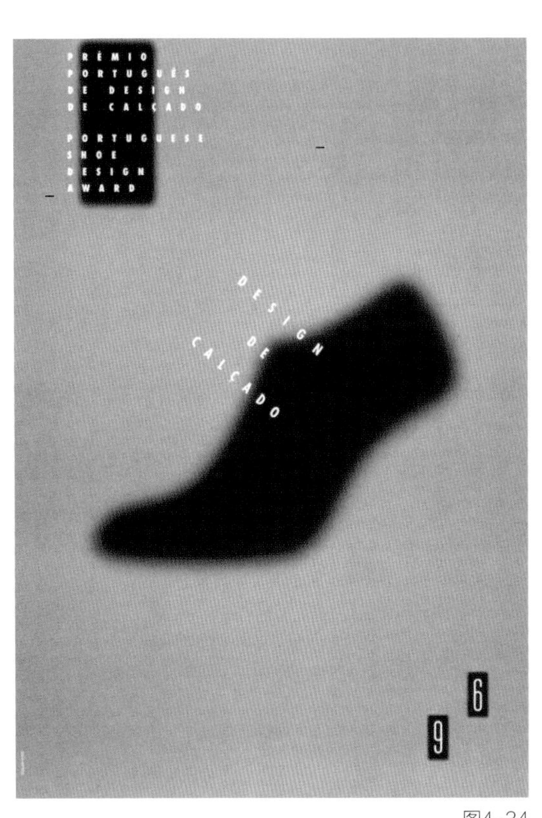

图4-34

图4-32 美国联合航空公司为开辟英国航线所做的广告。广告以皇家卫队的卫士形象做主体，在最佳视阈处放置文字，突出和强调该航空公司皇家礼遇一般的航空服务。

图4-33 版面中各区域的视觉注目度。

图4-34 版面设计所传达的信息元素间隙过大，流程疏散，好在版面没有更多的信息元素干扰，否则很难传达疏散的流程。（设计：Joao Machado，LDA Design）

教学目标与要求

视觉流程是设计和探讨整个版面编排的结构和艺术风格的问题，重在设计前期的思考，其目的是通过良好的编排引导读者的阅读与理解，通过流程的设计构思（信息元素的编排形式与顺序）帮助读者接受和理解所要传达的信息。

教学过程中应把握的重点

本章所述的前五项流程均为具有方向和理性的流程。在编排方向性视觉流程时，要注意各信息要素间间隙大小的节奏感。若间隙大，节奏减慢，则视觉流程显得舒展；而过分增大则失去联系，彼此不能呼应，则视觉流程减弱。若间隙小，节奏强而有力，信息可视性高，布局显得紧凑；但间隙过小会显得紧张而拥挤，造成视觉疲劳，不能清晰快捷地传达主题。而第六项散构视觉流程似乎与前五项相互矛盾，但散构视觉流程是设计师在前五项基础上的一种突破与创新，更多地体现了设计师的个人风格。

思考题、讨论题

1.什么是视觉流程?

2.视觉流程有哪些流程形式？设计视觉流程的导读应注意哪些问题?

3.请解读视觉流程在版式设计中的运动轨迹，以及设计师的编排构想。

4.你怎样看待视觉流程在版面中又可理解为视觉导读与版面结构。

第五章 版式设计的编排形式法则

编排形式法则乃是创造画面美感的主要手法。所有形式法则，在表面上皆具有不同的特点和作用，但在实际应用上都是相互关联而共同作用的。在下面的法则中，从单纯与秩序中，可求取整体与完美的组织；从对称与均衡中，可求取稳定的因素；在韵律和节奏里，则可产生乐感和情调。同时，对比产生强调的效应，和谐是统一整体的必备要素，而留白则使版面获得庄重和空间感。可以说，编排的形式法则，既帮助设计师克服设计中的盲目性，亦为设计作品提供强有力的依据，丰富设计的内涵。

美的形式法则是我们设计创作的法则，但并不是一门严格的科学，没有绝对的法则可循，也不可能用定量形式来分析描述。艺术是鲜活的，是变化的，适合才是最好的。只有在大量的设计实践中熟练运用，才能真正理解掌握。善于在设计中应用对比、节奏、空间等因素，版面才会是美的。

一、单纯与秩序

单纯化有两个概念：1.基本形的简练；2.编排结构的简明、单纯。

把握好这两点才能产生具有强烈视觉冲击力的形象与整体感。编排前，面对一大堆图片和文案资料，必须运用理性和逻辑思维，对图片资料进行大胆取舍，创建清晰的形式感。如水平、垂直、倾斜，统一重心及视觉流程，这些方法即可帮助我们达到单纯化的效果。单纯化可使版面获得完整、统一、简明的视觉效果；反之，则杂乱不堪，造成视觉传达的障碍。

简洁体现力度。单纯化是版面达到力度的最基本的要素，版面的力度不在于内容的多少，而取决于对设计认识的把握。

秩序是指版面各视觉元素组织有规律的形式表现。它使版面具有单纯的结构和井然有序的组织。实质上，编排越单纯，版面整体性就越强，视觉冲击力就越大；反之，编排流程秩序越复杂，整体形式及视觉冲击力就越弱。所以强调秩序，首先得强调单纯的结构。

简明的结构和秩序可以理解为版面的气运走向。气的流向要有明确或主流的方向，即为版面的“神气”；相反无气流流向，版面郁闷，必定秩序混乱。

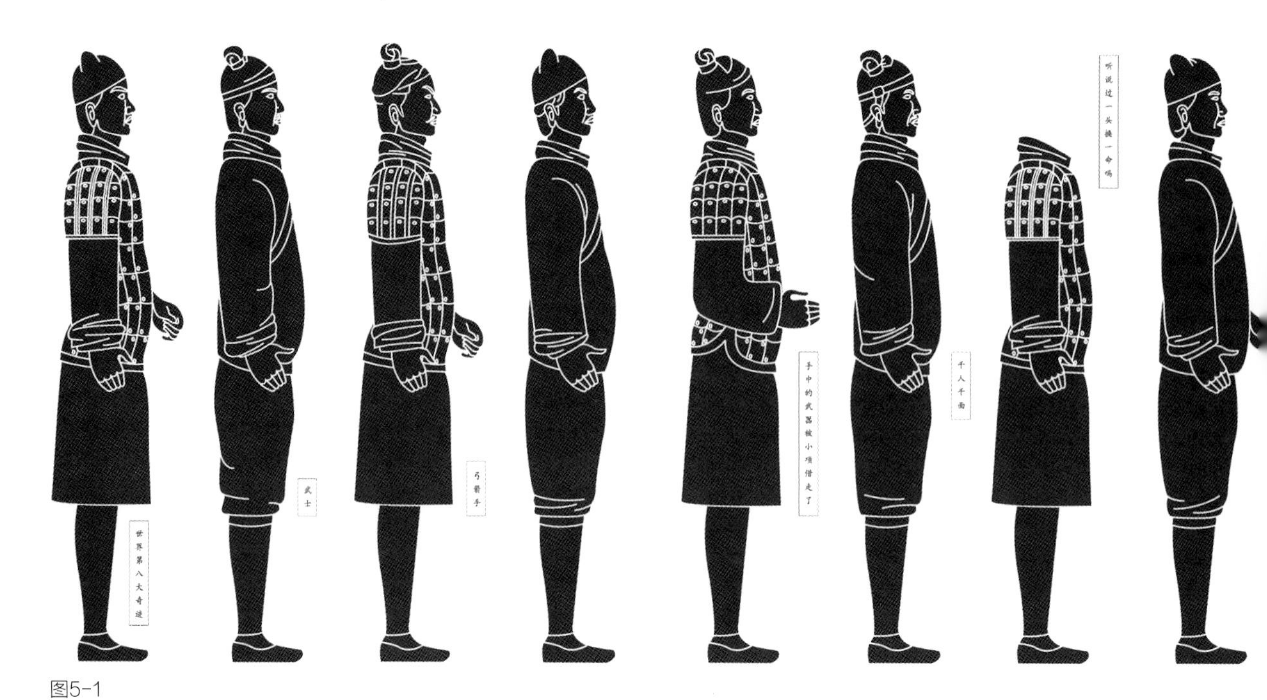
世界第八大奇迹
武士
弓箭手
手中的武器被小项借走了
千人千面
听说过一头换一命吗

图5-1

索芙特
纤脸
滋润霜
Slim-face Moistening Cream
纤脸滋润霜
Slim-face Hydrous Cream
OB瘦脸配方
净含量: 45g
瘦脸洗面奶
Refining Cleansing Milk
NEW

图5-2

THE TASTE OF
TEA AND COFFEE
COEFFICIENTLY.
从古谷开始，品茶更品水
品茶之道，系乎好水

图5-3

图5-4

图5-1 学生习作。单纯的人物排列秩序增强版面的形式感。（设计：许可）
图5-2 索芙特瘦脸包装形象设计灵感来源于“燃烧脂肪的概念”，放射状的图形与产品陈列方向呈一致的运动趋势。
图5-3 强调简洁的秩序，是为了使版面获得明确的结构与运动趋势，强化形式感，避免设计的盲目性和混乱状态。
图5-4 图形的秩序感给整个版面带来一种抒情感觉。（设计公司：成都黑蚁设计有限公司）
图5-5 版面所有的文字与图形都统一沿一致的方向运动。版面秩序、元素越单纯，版面就越简略，形式感就越强。

图5-5

二、对比与调和

对比是将相同或相异的视觉元素做强弱对照编排的形式手法。版面的各种视觉要素，在形与形、形与背景中均存在大与小、黑与白、主与次、动与静、疏与密、虚与实、刚与柔、粗与细、多与寡、鲜明与灰暗等对比因素。归纳这些对比因素，有面积、形状、质感、方向、色调这几方面的对比关系，它们彼此渗透、相互并存，交融在各版面设计中。其实每一件设计作品中都存在着对比关系，只是这种对比关系的强弱不同而已，强的为强对比，弱的为弱对比。简洁明快的对比关系是获得强烈视觉效果的重要手段。

版面的调和：一是内容与形式的调和；二是版面各部位、各视觉元素之间寻求相互协调的因素，也是在对比的同时寻求调和，所以许多版面常表现为既对比又调和的关系。

对比与调和，对比为强调差异，产生冲突；调和为寻求共同点，缓和矛盾。两者互为因果，共同营造版面既对比又和谐的完美关系。

图5-8

图5-6、图5-7 以活泼的线段作为连接左右页面的元素，并产生版面动静的对比与和谐。（设计：1185 Design，Peggy Burke，Andy Harding）
图5-8 在书籍编排中常采用一空一满，左右对比的手法来编排。（选自《石墨因缘：北堂藏齐白石篆刻原印集珍》，书籍设计：袁银昌）

图5-6

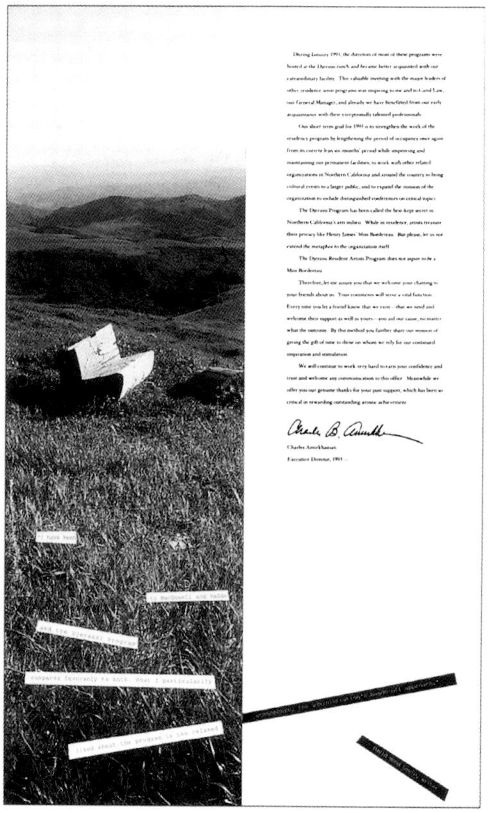

图5-7

图5-9 大面积的黑色与零星的小字形成大与小的强弱对比。
图5-10 密集编排的文版与空间中“H”产生对比。
图5-11 文字轻松的曲线流程与严谨的方块排版形成动静对比，线与面的对比。（设计：Tolleson Design，Steve Tolleson，Jean Orlebeke）
图5-12 Deco&Design内页设计。产品图片的大小产生了版面的主与次、实与虚对比，增强画面的生动性。

图5-9

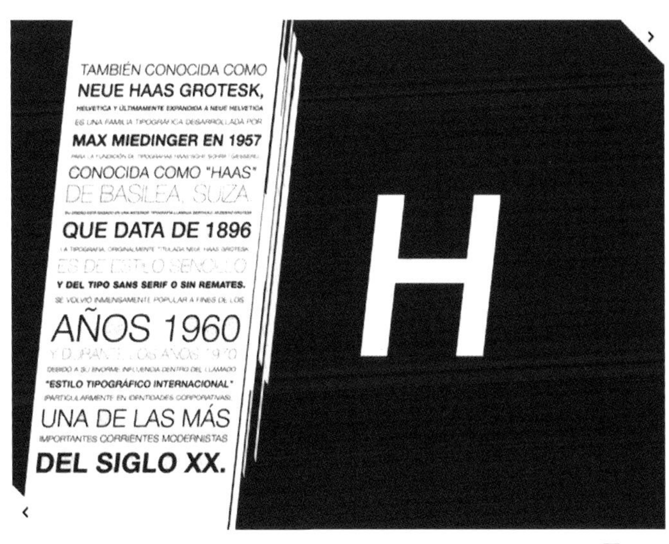

图5-10

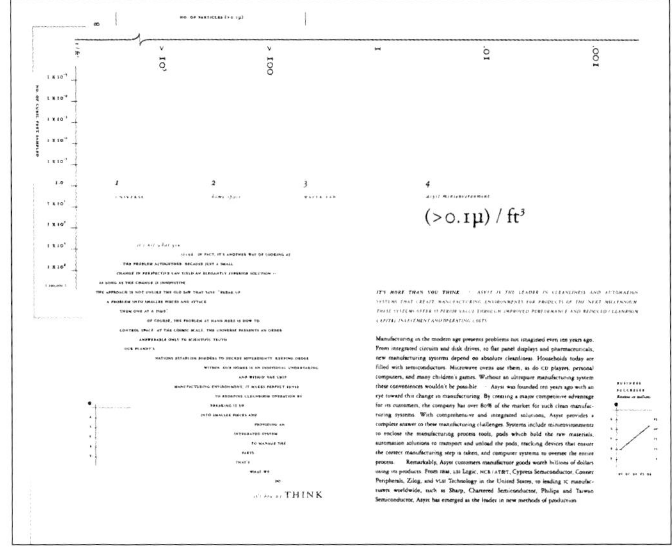

图5-11

图5-12

三、对称与均衡

对称与均衡是统一体，常表现为既对称又均衡，实质上都是求取视觉心理上的静止和稳定感。关于对称与均衡可以从两方面来分析，即：对称均衡与非对称均衡。

对称均衡是指版面中心两边或四周的形态具有相同的公约量而形成的静止状态，也称为绝对对称均衡。另外，上下或左右基本相等而略有变化，又称相对对称均衡。绝对对称均衡给人更庄重、严肃之感，是高格调的表现，是古典主义版面设计风格的表现，但处理不好易单调、呆板。

非对称均衡是指版面中等量不等形，而求取心理上“量”的均衡状态。非对称均衡比对称均衡更灵活生动，富于变化，是较为流行的均衡手段，具有现代感的特征。

Business ▸ Pets can now get a spa treatment at home 100
June 29, 2005
LIFESTYLES
SalmonChanted
SALMON'S PERILOUS PLIGHT
CHINOOK
RAINBOW BEAUTY
THE SALMONATOR, RETURN OF THE STEELHEAD
KING SILVER
SALMON ADVENT
SALMON MOUSSE
PRIDE OF THE HARBOR
Harbor

图5-14

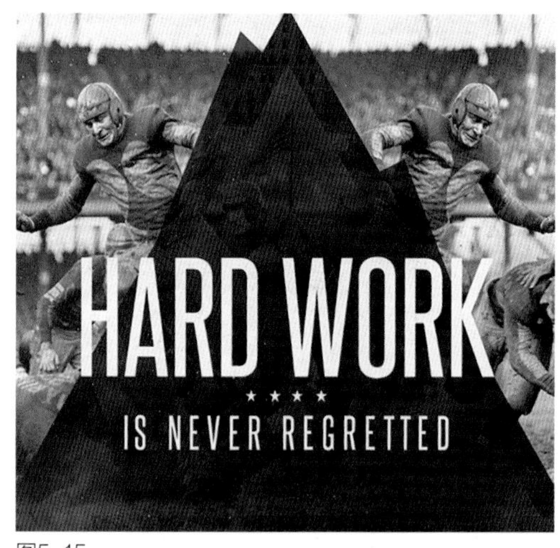

图5-15

图5-13

图5-13 《中兴百货的意识形态：中兴百货广告作品全集1988—1999》内页。百货公司促销的平面广告，以人物构成左右对称的结构。
图5-14 对称的版式设计，架构结实，内容排列丰富有趣。
图5-15 暗红色三角形在烘托标题的同时也强化了版面的稳定性。

四、节奏与韵律

沃尔特·佩特（Walter Pater，1839—1894年，英国著名文艺批评家）说："所有的艺术都在不断地向着音乐的境界努力。"节奏与韵律来自音乐的概念，也是版式设计常用的形式。

节奏是均匀的重复，是在不断重复中产生频率节奏的变化，节奏是延续轻快的感觉。如心脏的跳动，火车的声音，以及春、夏、秋、冬的循环等都可视为一种节奏。节奏的重复使单纯的更单纯，统一的更统一。另外，节奏变化小为弱节奏，如舒缓的小夜曲；变化大为强节奏，如激烈的摇滚乐。

韵律不是简单的重复，而是比节奏要求更高一级的律动，如音乐、诗歌、舞蹈。用版面来说，无论是图形、文字或色彩等视觉要素，在组织上合乎某种规律时所给予视觉和心理上的节奏感觉，即是韵律。在本质上，静态版面的韵律感，主要建立在以比例、轻重、缓急或反复、渐层为基础的规律形式上。

韵律是通过节奏的变化而产生的，如变化太多失去秩序时，也就破坏了韵律的美。节奏与韵律表现轻松、优雅的情感。

重复使用相同形状的图案，也能产生节奏感。节奏的强弱依图案的强弱和编排的节奏而定。

等间距编排的图形，体现和悦的节奏和延续感。

The Boston Globe Magazine

June 21, 1981

WITNESS TO OUR TIME: Alfred Eisenstaedt has photographed Hitler meeting Mussolini, Thomas Mann, Joseph Goebbels, Günter Grass, Hedy Lamarr, Rainer Werner Fassbinder, the Great Depression, Leni Riefenstahl, John F. Kennedy, Sophia Loren, George Bernard Shaw, Igor Stravinsky, Vladimir Horowitz, Joseph Stalin, Hiroshima, Yehudi Menuhin, Bing Crosby, Joan Crawford, Fred Astaire, Marilyn Monroe, Tallulah Bankhead, Katharine Hepburn, Lyndon Baines Johnson, Henry Kissinger, Marlon Brando, Charlie Chaplin, Richard Nixon, Nikita Khrushchev, Winston Churchill, W. H. Auden, Robert Frost, T. S. Eliot, Charles Lindbergh, Harry Truman, Franklin Delano Roosevelt, Ernest Hemingway, Bertrand Russell, Ronald Reagan's ranch, V-J Day, Albert Einstein, Alec Guinness, the eyes of Edward Teller, Sinclair Lewis, James Cagney, General Douglas MacArthur, Jomo Kenyatta, Fidel Castro, Clare Boothe Luce, Harold Macmillan, Mikhail Baryshnikov, the Blue Nile Falls in Ethiopia, Rachel Carson, Salvador Dali, Judy Garland, Judge Learned Hand, Dwight D. Eisenhower, General Hideki Tojo, Shirley Temple, Clement Attlee, Queen Elizabeth II, Thornton Wilder, Nelson Rockefeller, Walt Disney, Josephine Baker, the Graf Zeppelin, General George C. Marshall, Dame Edith Evans, Andrew Wyeth, Paul Dudley White, Edward R. Murrow, Leonard Bernstein, Dag Hammarskjöld, Adlai Stevenson, Arthur Rubinstein...

图5-16

图5-16 左边密集的文字与右下角处于大量留白空间中的人物形象，产生紧与松的节奏感。

图5-17 设计除了注重单页的节奏对比外，还要考虑全书设计的整体性。展开页面设计，产生弱、强、弱、平的节奏。（设计：The Gap/In-house）

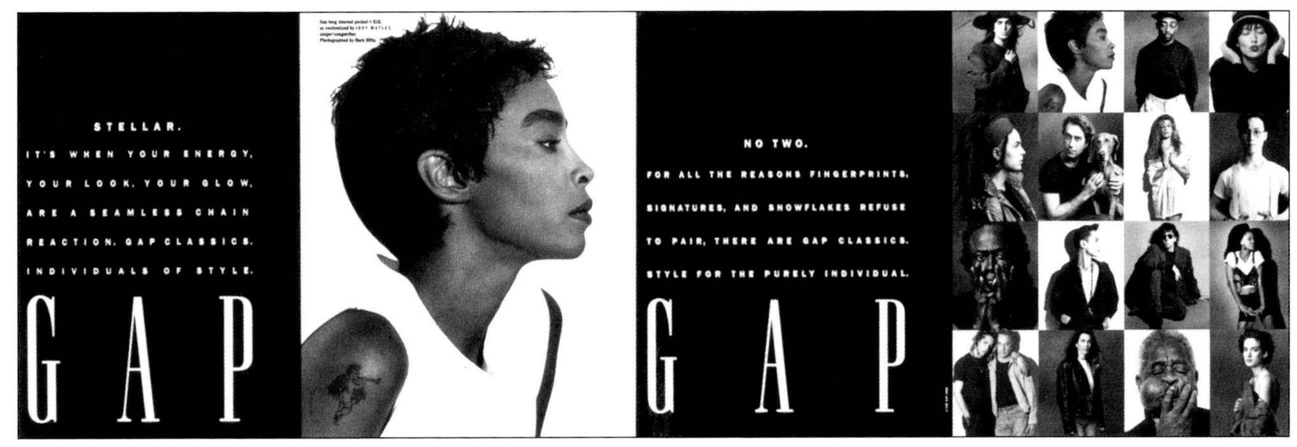

图5-17

图5-18

图5-19

图5-18 版面的节奏体现为整体、局部、整体、局部；或弱、强、弱、强的节奏对比关系。（设计：Masaaki Hiromura）
图5-19 小册子设计。在整个几页延续页面中，设计者以强、弱、空、满、松的节奏来设计，令版面充满激情。
图5-20 设计具有强烈的节奏感和方向运动感。
图5-21 以两行文字作为前景，与背景的色环形成黑白明暗对换，产生强弱节奏。
图5-22 文字在编排中产生轻、重、缓、急的韵律节奏。（设计：Gary Koepks，Tyler Smith ）

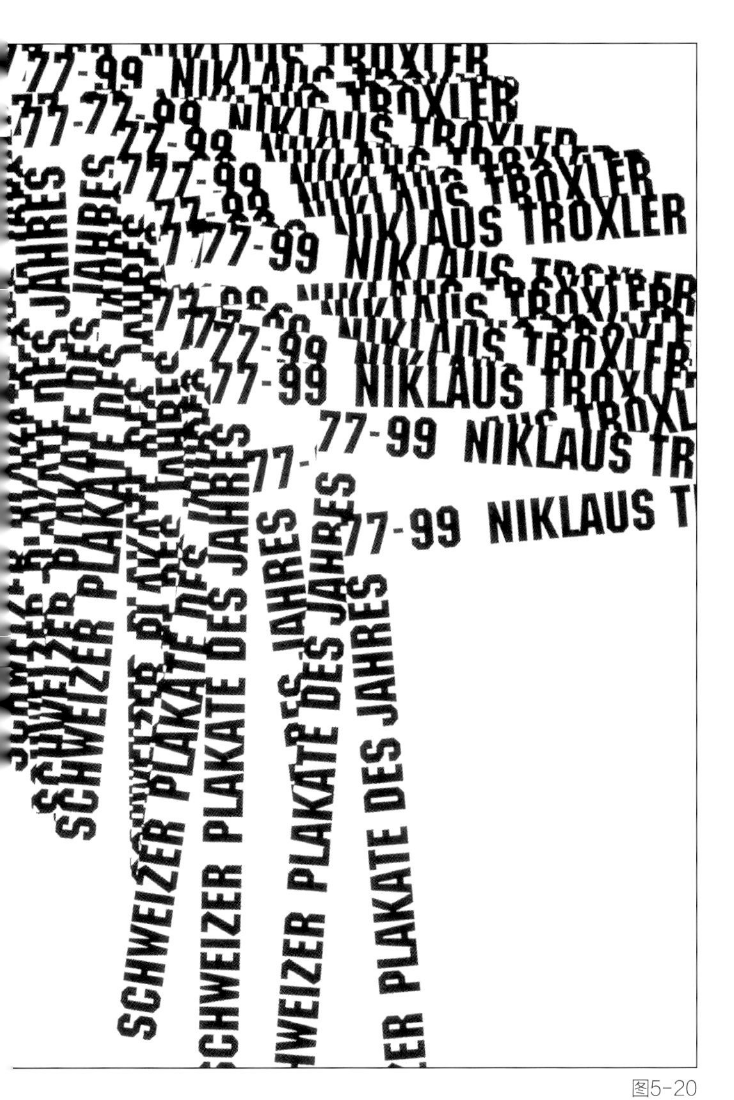

图5-20

图5-21

THE OBSCENE DISPARITY

A COUPLE SITS ON THE SIDEWALK NEAR FANEUIL HALL IN BOSTON. THEY'RE COLD AND HOMELESS. ALL THEY OWN IS STACKED UP BESIDE THEM. THEIR DOG AND CAT ARE CURLED UP NEXT TO THE SIGN THAT PLEADS FOR WORK, ANY WORK. NEXT DOOR PEOPLE ARE MUNCHING DOWN DESIGNER COOKIES WHILE BUYING ELECTRIC TOOTHBRUSHES

图5-22

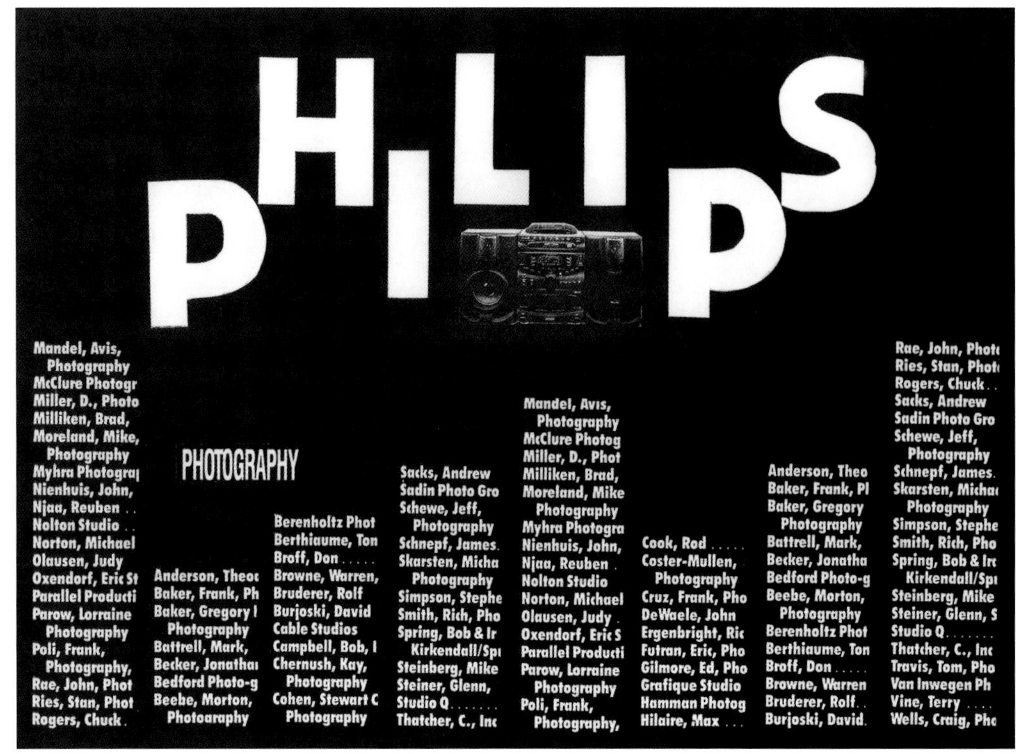

图5-23

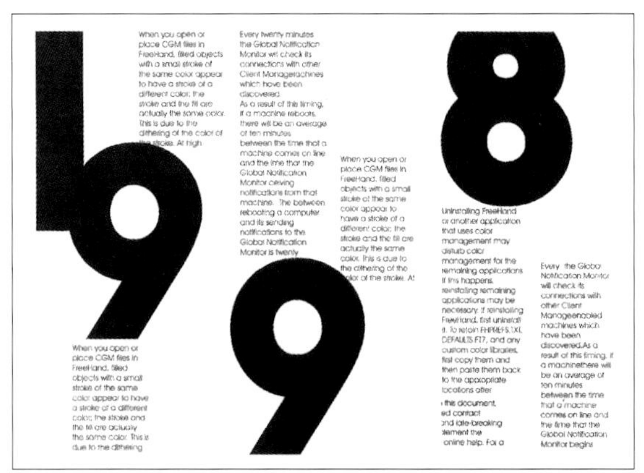

图5-24

图5-23、图5-24 学生习作。醒目的标题字与细小的内文错落排列产生强弱节奏感。（设计：邓智伟）

图5-25 逗号构成的虚面。版面中每一个逗号都依循着方向轨迹的运动而产生韵律节奏感。

图5-25

图5-26

图5-27

图5-28

图5-26 《藏地牛皮书》内页设计。设计中的“留白”是设计师刻意设计的，也是非常讲究的。（设计：一直）

图5-27 中国传统山水画常大量采用空白空间与画融为一体，给人意犹未尽的感觉。

图5-28 中国太极图，计白当黑，计黑当白，虚实相生。

五、虚实与留白

物理的空间可以用长、宽、高来计算，而版面的视觉空间一般是凭人的心理空间去感知。空间可理解为虚无的、无形的、无量的、无限的，但在平面设计空间里，空间即为留白，既无形又有形，无量又有量，无限又有限。因为设计的心理空间是有限量的，尤其对于某些资深的设计者来讲更是斤斤计较。

“虚空间”既指版面除设计要素——标志、文字、图形以外的空白空间，即“留白”或负形。在编排设计中，把文字与图形作为设计要素与主体，视空间为底，为空白，为消极被动地带，所以设计时只将图文要素编排完即为完成设计，至于空间布局的好坏，与图文正负形的空间关系，以及空间是否对主体形态有影响几乎很少考虑。正是这些被忽略的被动空间关系往往对版面造成直接的破坏作用，而我们却全然不觉。其实空间是可以经营、可以设计的，如果你领悟到空间的重要性，在编排图、文的同时有意识地调整版面正负形态的互助关系——版面的空满、大小、疏密、动静、气流韵律方向，以及空间的整体性，设计在塑造主体的同时也塑造了自身的虚拟形态，达成虚实相生而和谐的关系。但若无视空间的存在，空间也会使版面变得糟糕或平庸。所以空间既可以成就一个优秀版面，也可以破坏版面，令你制造一堆设计垃圾。

从美学的意义上讲，留白与文字和图片具有同等重要的意义，无空白则难以很好地表现文字和图片。中国传统美学对空间的观念认识有“形得之于形外”和“计白当黑，计黑当白”与虚实相生之说。中国太极图就是最好的诠释。另外中国传统绘画中强调的意境，都借留白空间来传达体现。意境是客观的物象引导主观想象的反映，是弦外之音，“言”外之“意”。用版面来讲是巧妙的设计布白令读者产生无尽的遐想，借空间来表达主题欲表达的思想和境界。

图5-29

图5-30

图5-29 传统仕女题材的版面设计，采用大量留白营造出版面优雅的意境。从系列页面整体设计思考，版面大图、小点、虚面（线）与空间都用心设计，透出浓浓的东方情调。

图5-30 在红底中要强调另一个重要的信息，最好的办法就是用白色块来烘托信息。

图5-31、图5-32 大量的留白与直线分割提升了版面品质。（设计：杨奕）

图5-33 《坐观》内页设计。全书设计追求化繁就简、返璞归真的风格。图形文字与空间的布局，很好地烘托了明式家具所反映出的文化语境和传统气息。（设计：洪卫、冼家麟）

1. 以虚衬实，烘托主题

版面的虚与实是相互相生的。以虚托实，实由虚托，虚实相互补充对比。这一理论在中国国画中表现较多，在版式设计中也是常应用的手法。只有留足空间才能更好地烘托、展示主题，至于留白量的多少，由设计师的思想、风格和版面具体情况而定。但如果版面排满文字和图形，拥挤不堪，如同小说文版一样平淡，或造成主次不分、杂乱、不舒服感，使读者毫无阅读兴趣和重点。在图形或标题四周留出空间，强化和烘托了主题的传达，令版面产生呼吸的空间感、层次感与设计感，这都得于设计者的设计诱导。很难想象没有空间的版面有多么郁闷，没有空间就没有设计，更谈不上设计风格。平面设计在传达思想内容的同时，也在不断探索空间形式美的表现技能。

2. 布局空间增强设计的审美性

留白空间可以让版面呼吸，让视觉得到停歇；空间给版面自由、节奏、活力，可增强版面的艺术表现力，产生对比与和谐美的作用。零散的空间易造成主体混乱和结构松散的感觉，布局空间是尽量将零散的空间化零为整，使版面空间获得相对的整体来求取整个版面的设计性，使版面形与形、形与空间中相互依存的美感关系：大与小、黑与白、主与次、动与静、疏与密、虚与实、粗与细、多与寡、鲜明与灰暗等对比因素，彼此渗透，相互并存交融在各版面设计中。优秀的版面设计都灵活地运用了这些技巧。

图5-31

图5-32

图5-33

图5-34

图5-35

3.增大空间提升设计的品质

版面中增大版面的空白率是提升设计品质和格调最重要的因素之一。在现代设计中，空是一种简略，一种品质，一种境界。空则不空，空即简略，简略即品质，是宁静、舒服，是大气。拥挤和杂乱的版面是干扰和低俗，毫无舒适品质可言。版面有舍才有得，即“什么都想展示，则什么都得不到”的辩证之道。

提升设计品质的表现有三点：大胆的留足空间；求取色调的和谐；提高印刷材料的工艺品质。

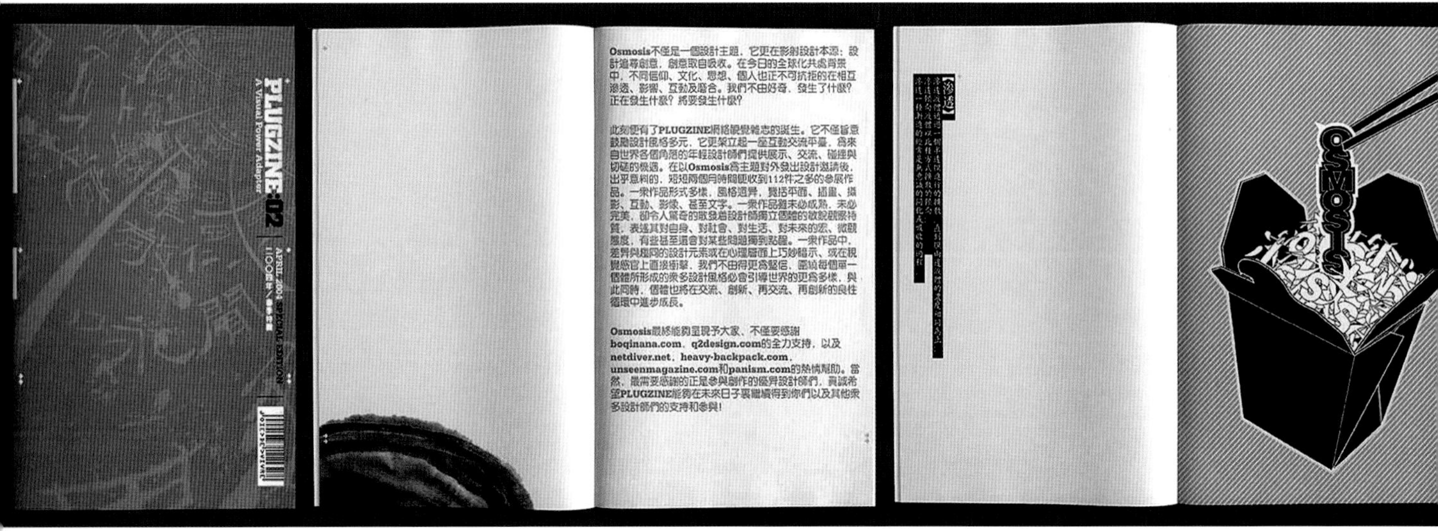

图5-36

4. 空间是有形的

一般人认为空间是虚无的，但对于版面的空间来讲空间是“有形”的。只要你心中有形即能设计出有形的空间，“形”在设计者思想中，心有形，形传意，任何设计只要你能想到就能表达出。传统有“计白当黑，计黑当白”的说法，空间既无形而又有形，既无声而又有声，既虚又实。形、声、虚、实一切在设计者心中，空间的表现深刻地体现了设计师的“悟道”。

空间是有形的也可理解为，设计时有目的地去规划空间，空间不是作为负形而是作为要素。当作与文本和图片同样重要的要素进行设计，让空间与图、文融为一体，既突出了信息，又使版面获得良好的整体布局。

图5-37

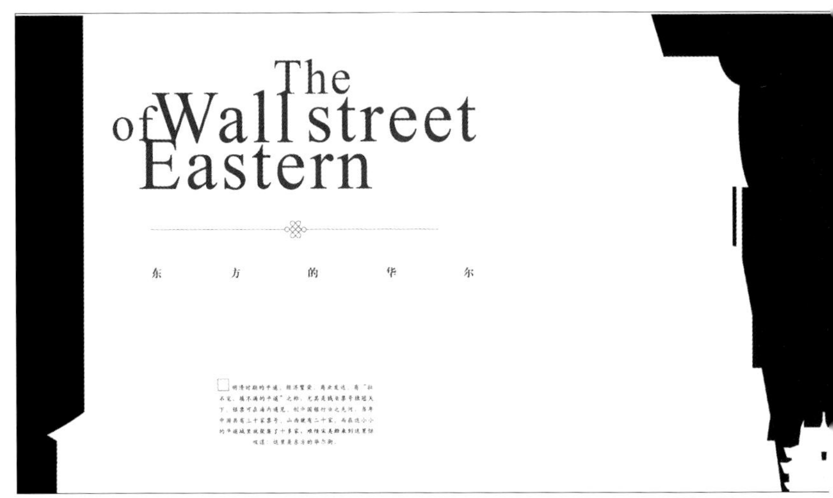

图5-38

图5-34《毛泽东同志在延安文艺座谈会上的讲话》（百位艺术家手抄珍藏纪念册）封面设计。手抄本，文字也是手抄风格，排版成熟精练，封面文字大小与留白空间层次分明，精致大方，书籍包装为一个盒子，恰似一个丰碑的形态。（设计：合和设计工作室）

图5-35、图5-36 整个版面的文本信息量不大，设计采用了大量空间和简洁的编排，使整本册子呈现出简洁大方的良好品质。

图5-37 学生习作。画面表现为山西平遥的城墙，墙为实，实为满也为空，墙相对9朝古都和飞鸟来讲，墙为空，黑白、满空，虚实相生。善于积极利用空间造型的作品是最巧妙高明之作。

图5-38 学生习作。留白的背景形态为敦煌莫高窟的侧影。大胆的留白让主题信息更加突出。（设计：许可）

图5-39《艺术是生命的密码》内页设计。空间有形在此版中表现为整体划分出上下空间。在书的下部空间中，既突出了印章，版面又获得整体空间。（设计：袁银昌）

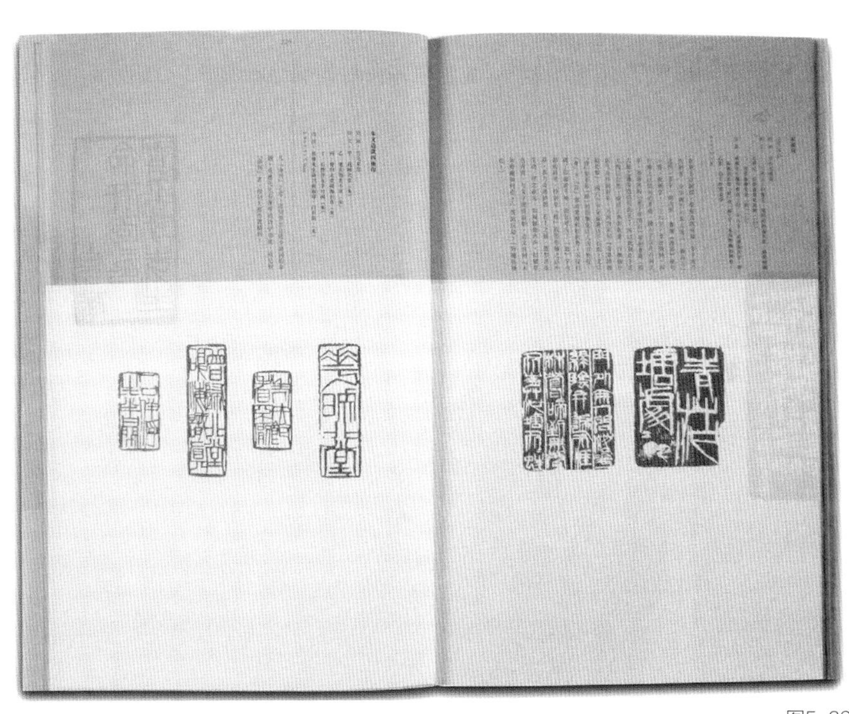

图5-39

教学目标与要求

编排形式法则理论的学习，是对学生的编排技巧能力的训练，并在设计过程中发挥着指导性的作用，有益于培养学生的审美认识。

教学过程中应把握的重点

理解形式美学的概念，了解美学形式法则的分类和内容要素，有单纯与秩序、对比与和谐、对称与均衡、节奏与韵律、虚实与留白。这几点美学原则都很重要，都是指导我们进行艺术创作和编排设计的形式法则，能帮助设计师克服设计中的盲目性。在这些美学原则中，较难把握的是“单纯与秩序”：寻求版面的简约与方向视觉流程的运用；“节奏与韵律”：追求版面的乐感与情感；“虚实与留白”：设计版面的空间，给读者留一个宁静思考的空间，增加版面的优雅，提升设计的品质。只有深刻地理解美学的形式法则才能提升编排的设计品质，同时要善于思考、分析比较，找到作业中存在的问题，找到调整版面的方法，才是真正把握好了重点与难点。

思考题、讨论题

1.编排设计的形式法则有哪些，在版面中发挥怎样的作用？

2.版面单纯与秩序的设计方法对版面产生怎样的影响及效果？

3.节奏与韵律的设计手法给版面带来怎样的情感效应？

4.版面空间表现有哪些手法？它们在版面中发挥怎样的作用？

5.美学的形式法则是指我们设计过程中的审美原则和方法，在你的设计中常运用哪些形式法则？

6.你常对版面进行分析吗？无论是好还是差的版面，你能分析出它们好与差的原因吗？如何改进？

第六章

文字的编排构成

一、字号、字体、行距

1．字号

计算机字体面积的大小有号数制、级数制和点数制（也称为磅）。一般常用的是号数制，简称为“字号”。照排机排版使用的是毫米制，基本单位是级（K），1级为0.25毫米。点数制是世界流行的计算字体的标准制度。电脑字体采用点数制的计算方式（每1点等于0.35毫米）。标题字一般是14号～20号字，正文字一般是8号～10号字。注意：字越小，精密度越高，整体性越强，但过小会影响阅读。

2．字体

在一个版面中，选用三到四种字体能达到版面最佳视觉效果。超过四种则显得杂乱，缺乏整体感。要达到版面视觉上的丰富与变化，只需将有限的字体加粗、变细、拉长、压扁，或调整行距的宽窄，或变化字体的大小。实际上字体越多，整体性就越差。

关于字号，前面讲到的字号大小，仅仅是一般常规应用的字号大小。对于极具个性化的文字编排设计，便不受此规范的限制，有意拉大字号的差距对比以获得版面强烈的视觉感与节奏效应。

3．行距

行距的宽窄是设计师较难把握的问题。行距过窄，上下文字相互干扰，目光难以沿字行扫视，因为没有一条明显的水平空白带引导我们的目光；而行距过宽，太多的空白使字行不能有较好的延续性。这两种极端的排列法都会使阅读长篇文字的读者感到疲劳。行距在常规下比例为：用字10点，行距则为12点，即10：12。

事实上，除行距的常规比例外，行距是依据主题内容的需要而定的。娱乐性、抒情性读物，一般加宽行距以体现轻松、舒展的阅读氛围，也有纯粹出于版式的装饰效果而加宽行距的。另外，为增强版面空间层次与弹性，可采用宽、窄行同时并存的手法。

字号可任意大小、无限变化
特大号
特号
小特号
初号
小初号
一号
小一号
二号
小二号
三号
四号
小四号
五号
小五号
六号
小六号
凯
旋
小六号
六号
小五号
五号
小四号
四号
三号
小二号
二号
小一号
一号
小初号
初号
小特号
特号
特大号

图6-1

“爱美”表现在妇女的装束方面特别明显。使用的材料，尽管不过是一般深色的土布，或格子花，或墨蓝浅绿，袖口裤脚多采用几道杂彩美丽的边缘，有的是别出心裁的刺绣，有的只是用普通印花布零料剪裁拼凑，加上个别有风格的绣花围裙，一条手制花腰带，穿上就给人健康、朴素、异常动人的印象。

图6-2

“爱美”表现在妇女的装束方面特别明显。使用的材料，尽管不过是一般深色的土布，或格子花，或墨蓝浅绿，袖口裤脚多采用几道杂彩美丽的边缘，有的是别出心裁的刺绣，有的只是用普通印花布零料剪裁拼凑，加上个别有风格的绣花围裙，一条手制花腰带，穿上就给人健康、朴素、异常动人的印象。

图6-3

“爱美”表现在妇女的装束方面特别明显。使用的材料，尽管不过是一般深色的土布，或格子花，或墨蓝浅绿，袖口裤脚多采用几道杂彩美丽的边缘，有的是别出心裁的刺绣，有的只是用普通印花布零料剪裁拼凑，加上个别有风格的绣花围裙，一条手制花腰带，穿上就给人健康、朴素、异常动人的印象。

图6-4

图6-1 字号大小的范例示意。
图6-2 字号、字距、行距的常规比例。
图6-3 行距过紧，版面显得拥挤。
图6-4 字距、行距过大，字行显得松散，难以阅读。
图6-5《摄影花卉》内页文版。文字以宽行编排，以传达轻松、愉快之感。宽行与右下方常规行距文字形成对比，丰富了版面的空间层次。
图6-6《摄影花卉》内页文版。页面刻意以宽行编排来体现本书休闲、高雅的风格。

The Story of the Peace Rose

Wars and roses have a long relationship. The English civil wars, waged from 1455–1485, over the possession of the crown, were called the Wars of the Roses. The name came from the badges of the house of Lancaster (a red rose) and the house of York (a white rose). Battles were long, bloody and bitter, fought over a series of weakened monarchs until Henry VII married Edward IV's daughter Elizabeth in 1486, thereby uniting the two adversarial houses. ¶ But roses have a sweeter connection with war as well. In 1939, as war threatened western Europe, a French hybridist named Francis Meilland discovered something quite special in his nursery, a breathtakingly beautiful rose, growing from a single seed and unlike anything he'd ever grown before. Meilland had no time for further discovery or experimentation so he shipped unnamed and untested cuttings all over the world to friendly growers, hoping at least one cutting would survive. The cuttings destined for Robert Pyle, a grower in Pennsylvania, went out in November 1940 on the last plane from France before Nazis took control of the airports. ¶ Four years later, Pyle wrote to Meilland about a "glorious rose, its pale gold, cream and ivory petals blended to a lightly ruffled edge of delicate carmine." This was the news Meilland had hoped for—a cutting of his splendid rose had survived. ¶ The pale-gold beauty was named "Peace" in a ceremony on the day Berlin fell. Rose lovers from around the world gathered in California to hear the new name and watch as doves were set free in celebration.

GERTRUDE JEKYLL

She was born in London in 1843. But at five, her parents took her to Surrey, a move that brought her in contact with wildflowers, sandy acid soil, and an unspoiled countryside. She grew up with a keen interest in painting and music, an aesthetic she spent her life employing in the design of splendid gardens. Her books, particularly *A Gardener's Testament*, have influenced gardeners around the world. One of her most delightful contributions was *Children and Gardens*, explaining clearly to the youngest reader what part plans, elevations, and even cats, play in a garden.

图6-5

As a matter of dreary historical accuracy, no literary biographer would ever mistake this for a Bloomsbury room. In the old photographs you can see the kind of rooms the Woolfs (Leonard and Virginia) and the Bells (Vanessa and Clive) favored. They were cluttered and crowded, filled with overstuffed, flower-printed furniture. Vanessa's paints and paintings fought for space with Duncan Grant's. In these rich and crowded rooms, the Bloomsbury friends

图6-6

THE SCHOOL OF
THEATRE

RUBEN SIERRA, DEAN

The School of Theatre is a conservatory, a place where oral tradition is continued; where the craft and artistry of professionals is passed down from one generation to the next. The program encourages artists to develop disciplined standards of excellence while nourishing their imaginations. The faculty, a core of theatre professionals, carefully guide each student's artistic and creative development.

The School of Theatre has four programs: Acting, Directing, Management, and Performing Arts Design and Technology. Students are given experience in varied theatrical genres—from Shakespeare to modern farce to innovative experimental forms. Although theatre study and production is at the core of the various curricula in the theatre school, Design and Management students are given opportunities to work in art, music, dance and film/video.

Performance and design opportunities are sequenced so that lower division students participate in non-public projects in one of the School's three small theatres or in other locations throughout the Institute. Upper division students participate in public projects directed by faculty members, guest artists, and graduate students. Performance and design opportunities cover a variety of venues—mainstage productions, contemporary/experimental productions which will include new works projects, and a series of cabarets.

The School of Theatre is committed to the development of multicultural/multiethnic projects and to collaboration with the other schools in the Institute. The graduating company presents an evening of audition pieces in a showcase in Los Angeles which is attended by agents, casting directors, and producers from the motion picture and television industries as well as directors and artistic directors from many regional theatres.

THE PROGRAM IN ACTING

The undergraduate and graduate programs in acting are based upon an integrated core program of voice, speech, movement, script analysis, and acting studio performance projects. There are two phases to the program—the foundation program and the advanced program—at both the undergraduate and the graduate levels.

The first two years of undergraduate and the first year of graduate studies are devoted to the foundation programs. Students auditioning for the CalArts theatre school are accepted initially into the foundation program. Incoming undergraduate transfer students who enter at the BFA 2 level are expected to complete the foundation program in one year. Incoming undergraduate transfer students are accepted at no higher level than the second year.

The second phase of training is the advanced program. Admission into the advanced training program is by faculty invitation and is based not only on the successful

图6-7

all men are created equal

Racism and
the Death
Penalty

double
justice

"The impact of our heritage of slave laws will continu[e] to make itself felt into the future. For there is a nexu[s] between the brutal centuries of colonial slavery and the racial polarization and anxieties of today. The poisonous legacy of legalized oppression base[d] upon the matter of color can never be adequately purged from our society if we act as if it had never existed."

"Double Justice" combines historical information about the racially biased use of the death penalty with contemporary research that demonstrates the continuing impact of race, particularly the race of crime victims, in determining whether a death sentence will be imposed. A moving visual commentary highlighted by the magic of computer animation, "Double Justice" takes information that for too long has been confined to scholarly works, law books and legal briefs and makes it accessible to the general public.

Capital
Punishment

图6-8

图6-9

图6-10

图6-11

图6-7 版面以通栏和双栏混合构成。文版采用同一字体，而字号由大至小渐次推移，产生了版面的空间层次。行首强、行尾弱，版面眉目清晰而有条理，有引人阅读之感。

图6-8 文字版字体主要采用长黑体和罗马体，改变其粗细、行距的宽窄变化，构成版面黑、白、灰的空间视觉层次。（设计：Peter Good）

图6-9至图6-11 均为版面使用字体过多而失去版面整体性的例子，有各自为政之感。

二、引文的强调

在进行正文的编排中，我们常会碰到提纲挈领性的文字，即引文（亦称眉头）。引文概括一个段落、一个章节或全文大意，因此在编排上应给予特殊的位置和空间来强调。引文的编排方式有多种，如将引文嵌入正文栏的左面、右面、上方、下方或中心位置等，并且在字体或字号上可与正文相区别而产生变化。

The gardens at Lambeth Palace have brought all things bright and beautiful to the heart of London. By Elizabeth Hilliard. Photographs by Derek Goard

The Archbishop of Canterbury is a lucky man – among his residences is mellow red brick Lambeth Palace, within sight of the Houses of Parliament. An ancient, majestic building, it is set in 8 acres of spreading garden, part wide lawns and part divided into smaller gardens with special themes. There's a magnificent long rose terrace decorated with urns, a herb garden with a pool and pergola, a woodland walk planted with thousands of bulbs and with a classical pavilion on a little mound, a wild bog and butterfly garden, and a scented walk with park benches. It comes as a shock to discover that such an utterly English garden has not always looked like this. Thirty years ago, it was twice the size, but since then half has been given to Lambeth Council to create a public park. More recently and more dramatically, the gardens of Lambeth Palace have been drawn abruptly into the 1980s with a redevelopment programme that would normally take about six years to achieve. Garden designers Faith and Geoff Whiten, with the Archbishop's wife, Rosalind Runcie, have wrought the transformation in little more than a third of that time. "We say, 'God smiles on this garden'," explains Faith Whiten, modestly accounting for the success of the project. "When Mrs Runcie first made contact with us about three years ago, the palace gardens lacked interest and were, shall we say, a little tired looking. There was an established framework of open lawns and mature trees, but not much else. We're a bit stunned at having done so much so quickly, now we need a pause to think about exactly how it's to be used best."

Far left: the garden that "God smiles on", a mass of musk mallow and feverfew in the herb garden. Left: before work began.

The "before and after" photographs which the Whitens commissioned as the scheme progressed are a valuable documentary record of the work undertaken.

Perhaps the most dramatic developments have taken place at

图6-12

expect Guy and Fiona Sangster's first house as a married couple to resemble an upmarket stable with horses everywhere and even one or two tethered in the garden. However, evidence that Guy is the son of one of the world's most famous and successful racehorse owners is not immediately apparent.

A guest would have to be very nosy to find any signs of Guy Sangster's racing heritage in his home. There are one or two silver-plated horse shoes, one discreetly engraved: *Assert, winner of the French Derby, and Irish Derby, with fond memories, Daddy and Sue.* Alongside is another shoe belonging to Golden Fleece who won the Epsom Derby in 1982 and was probably one of the most magnificent horses that Robert Sangster has owned.

Guy and Fiona were married last August in Malmesbury Abbey and have one horse in training this season. Fortunately this lives with their trainer William Jarvis who was at Harrow School with Guy. The colt Pappagello is leased from Guy's father. Last year Guy won the Bunbury Cup at Newmarket with his filly Baldomero, but is hoping for even greater things with Pappagello. He has a small share in one other horse and says he "longs to have more". In the meantime he works for Grantcheston, an industrial holding company.

The house which Guy bought on his marriage is situated in what estate agents would refer to as a 'quiet backwater of Chelsea'. The street is lined with trees and every garden has clouds of wisteria growing up the perimeter walls. The house was in a terrible state when they first moved in — the roof and the ceiling on the top two floors had to be completely rebuilt. It nevertheless suited Fiona that the house was hers to organise.

As a professional cook Fiona had always dreamt of designing her own kitchen. She works on a freelance basis and at times has single-handedly cooked dinner for two hundred and fifty people. She has also been asked to help with some more unusual requests such as breakfast in bed for two accompanied by a string quartet! Her new kitchen is a design feat. As a result Fiona says she can cook much more efficiently, without having to spend hours searching for a particular saucepan or herb. Her cookbooks stand in regimented order — her favourite one is by Roger Vergé, the chef at Moulins des Mougins in France. Guy has a fine cellar of wine which complements his wife's food. However, she reflects, "We are out so often that it is a treat to be at home and the last thing either of us would want is a six-course dinner with everything covered in cream sauces." A small pot of caviar caught our eye in the fridge: "I use it for decoration if I am cooking cocktail food, but unfortunately Guy is very fond of it and is always taking mouthfuls!"

The dining room which is on the same floor as the kitchen has some of Guy and Fiona's wedding presents on display including the very pretty set of Limoges 'Morning Glory' china and a picture by Mathew Smith of flowers in a vase which was given to them by Guy's grandmother. The drawing room, on the next floor, is where Fiona has her desk, above which hangs a picture by Herring. This is one of the few pictures of a horse in the house — besides the portrait of The Minstrel who won the English Derby in 1977.

Of all the rooms in the house they love their bathroom. This is decorated with a mural which they commissioned from their great friend Marcus May. It depicts the South of France and Southern Italy where they spent their honeymoon. "Marcus has managed brilliantly to combine the two and it is rather wonderful to be reminded of our honeymoon every time we have a bath." They also have a framed picture of the service sheet from their wedding hanging in the bathroom.

Another favourite room is their small sitting room which is covered with pictures of their immediate family. Fiona says, "I felt it was very important to have one room which we could make a mess in and have the television." There is a comic wooden butler, which Fiona found in an antique shop, which stands deferentially beside Guy's chair. A handsome pair of antlers also hangs in this room, from a stag that Guy hunted in Scotland while staying with some friends. "It took five hours of crawling through heather to win the trophy," he says.

A deep sapphire blue has been used to dramatic effect in the dining room and creates a magical atmosphere by candlelight. Some of Guy and Fiona's wedding presents are on display here: the painting, by Mathew Smith, was a gift from Guy's grandmother; a magnificent Limoges dinner service is set out in the wall niches

图6-13

图6-12 在组织文字空间时故意划分出上下两个空间来排列引文。
图6-13 引文嵌入两栏中间的版式设计。

interactive designer for nine years," says Judith Banning, creative director and one of the founding partners of Red Dot Interactive, a small company in San Francisco's multimedia gulch, "and I can't imagine doing Web sites without a background in interactivity. You've got a lot of catch-up to do if you are just starting and you haven't done interactive design. So that's really the first place to start, not learning HTML, but really getting your head into interface design, interactivity and navigation. Those are the most important design skills for the Web."

Her own introduction to the Web, Banning says, with a laugh. "Began when we got a Web job. So I had to dive in. That's really the only way to do it. I got on the Internet and looked at a lot of other sites, found the ones that were really good and analyzed why they were good, what made them work besides looking pretty."

By the time the Hewlett-Packard Workstations Group came to Red Dot, Banning had already experienced her trial by fire, creating Web pages for Ketchum Kitchen and DHL International. Hewlett-Packard wanted Red Dot to create a home page "cyber launch" to announce a new series of hot boxes that would compete with high-end workstations from Sun and Silicon Graphics. The design challenge posed by HP was to create a dynamic identity for the new workstation home page that would intrigue HP's target market of high-tech users in engineering, software design and automotive design markets, while at the same time, integrating the new site into HP's much larger Access HP home page.

Banning worked closely with Hewlett-Packard's art director to repurpose the new advertising collateral and work them back into the site. In addition, HP's navigation bars that helped users move seamlessly through the larger site, were reused, thereby reinforcing the integrity of the new site.

Banning's target market was engineers used to high-speed T1 lines, people who in her words, "were used to having a lot going on. So we wanted to create the effect that there was a lot of information on screen." The graphics appear as elaborate photomontages. In reality the file size is kept small for fast downloading, since not everyone has a T1 connection to the Web. Banning worked with high resolution photographs, colorized them, rendered them as duotones, then added little splashes of color to create what appear to be dense, visually complex graphics. On the strength of the new workstation launch, HP has asked Red Dot to discuss redesigning the entire Hewlett-Packard workstation Web site.

Banning's advice to designers thinking about transferring their skills to this new interactive medium is: "Know the tools, know the medium and know your user. Put yourselves in the shoes of the user, and ask yourself what you would want to get from visiting that site."

Working Methodology

Jessica Helfand, director of the Manhattan-based design studio that bears her name explains, "Successful interaction design requires more than just design skill." Accordingly, the creative team at Jessica Helfand Studios is comprised of an eclectic group of designers and programmers, all of whom have rich, varied backgrounds in addition to traditional programming and design skills. Senior programmer Amnon Dekel has a Ph.D. in cognitive science; network specialist Miriam Songster has been an economist for ten years; producer Lucy Kneebone speaks four languages and, as a former account director at Landor Associates in London, is skilled in handling large accounts with a particular focus on the structure and communication of information.

If there is one thing that Web designers know for certain, it is that the pace of change is relentless. No sooner did Mosaic change the World Wide Web than Netscape blew everyone out of the water.

A graduate of Yale University and The Yale School of Art graduate program in Graphic Design, Helfand was formerly design director at the *Philadelphia Inquirer Magazine*, and an art director with Roger Black Studio in New York. Today, Jessica Helfand Studios's Web site clients include The Discovery Channel, The Smithsonian Institution's Museum of the American Indian and the *New York Times*. Helfand carefully chooses projects in which her studio can be engaged early in the conceptual process, where the challenge posed to the Web designer is to create a system, a structure for information and a method of access to it. "We look for projects in which we are asked to participate from the very earliest stages," says Helfand, "because we believe that the key to shaping information in electronic media lies not so much in the design deliverable as in the inventive strategic thinking that supports it."

A year ago, the Discovery Channel approached Helfand Studios with the goal to create a Web site that would provide the kind of compelling experience that would cause people to

World Wide Web design

图6-14

VOGUE ATTITUDE 态度

"以前我一直在寻找能够理解自己的人，但是我错了，这个世界上没有一个人能完完全全地理解你，你只能让不同的人来理解你的不同侧面。"

"学会放下，我反而什么都能面对了"

图6-15

态度 VOGUE ATTITUDE

"所有的快乐和你认同的幸福感其实都是从残酷中得来的，你要能够在缝隙中发芽，在困境和逆境中表现出无畏，并且自己创造幸福。"

"人需要用最大的韧性来面对生活"

"我非常愿意做一片绿叶"

图6-16

图6-14 引文在两栏中间位置靠左对齐，并用斜体和加大字号来区别于正文。

图6-15 在五栏中第四栏用空间和红色横线烘托出引文。

图6-16 引文嵌入两栏正中间的版式设计。

图6-17 图形的舒展、动感与文案的整体、静态构成对比关系。文案的整体编排使主体更加突出。细线的运用，使字群各段落更加清晰、明快。

三、文字的整体编排

文字的整体设计是将文字的多种信息组织成一个整体的形，如正方形、长方形等，其中各段落间还可用线段分割，使其清晰、有条理而富于整体感。在配置图形时，主体更显突出，空间更统一。文案的群组化，避免了版面空间的散乱状态。日本的平面设计中文字的整体编排运用很多，而且也应用得很好，很有特点，形成了日本的设计风格。

文字整体编排表达品质感。版面中的文字整体性编排，使版面传达出特有的组织性、秩序性和设计性，而这种严谨的版面往往传达出良好的品质感。

文字有意识的整体编排与设计的主题内容有关，是内容的需要。除了欲求严肃或简洁整体的版面需采用此方法外，在许多自由的版面中，图文的张弛跳跃，往往需有一组整体的文字编排，让版面张弛有度，层次丰富，以获得版面动静的对比关系。这种设计手法常常应用在许多优秀的版面设计或个性化的版面设计中。

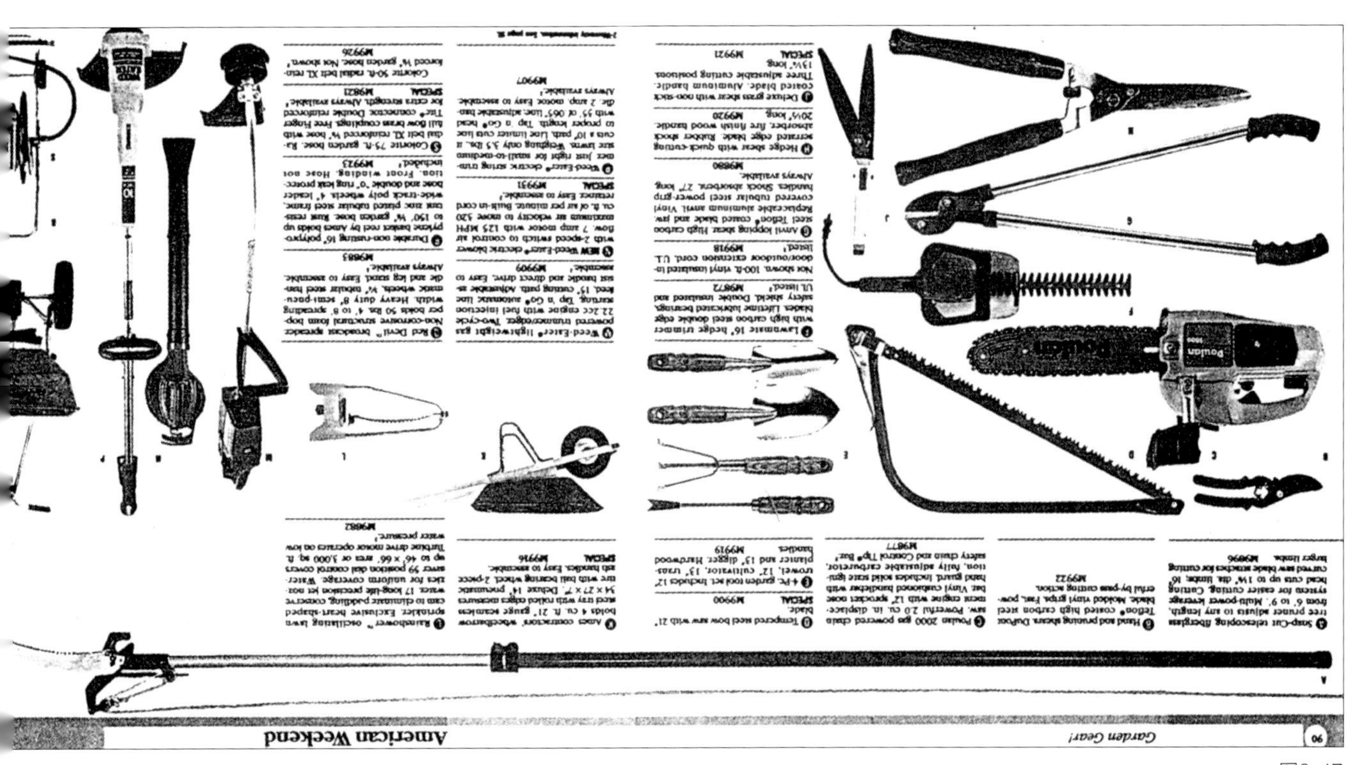

图6-17

图6-18

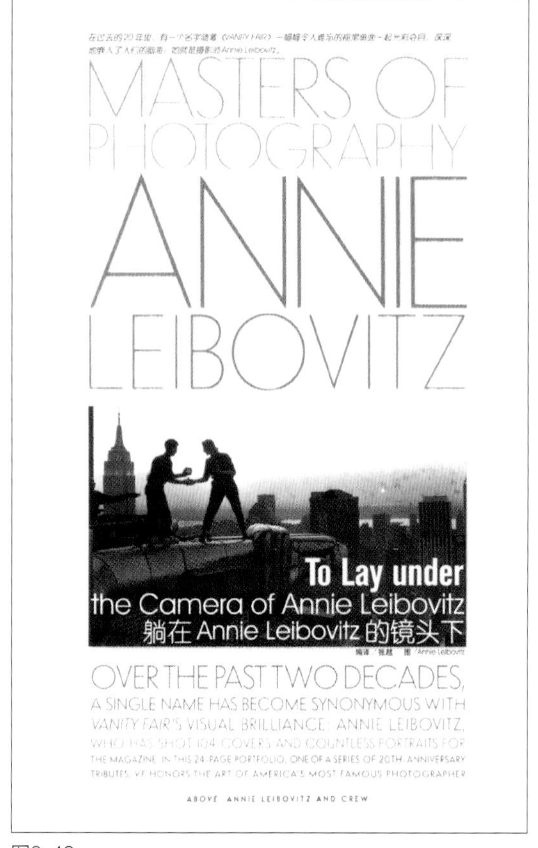

图6-19

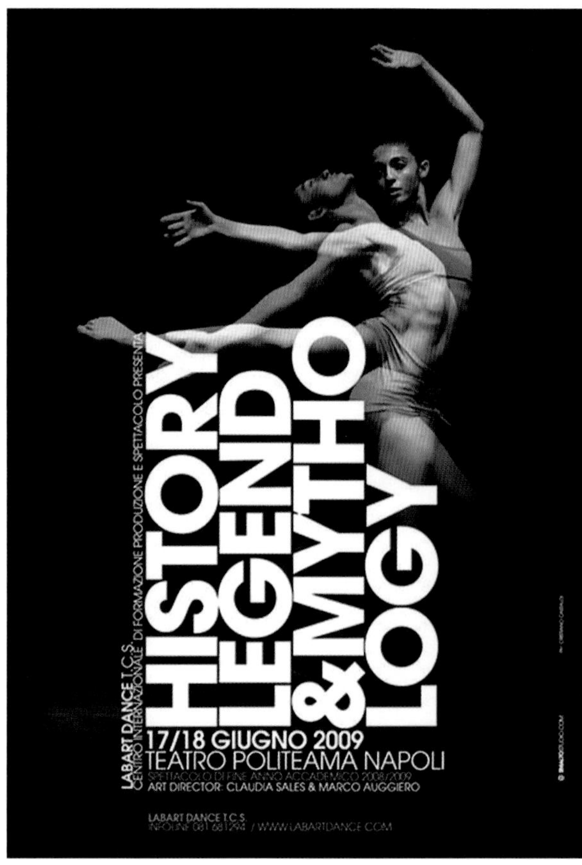

图6-20

图6-21

图6-18 整体编排的文本信息使版面显得简略干净。
图6-19《东方视觉》内页设计。文版的字体统一，纤细的字体只在字号上加强对比，使版面产生弹性、轻快感和整体性。
图6-20 海报所有信息整体排列，构成设计的虚面，强化了设计性。
图6-21 标题与文案及图形做整体的规划设计，交相辉映，形式与内容统一。
图6-22 在日本的平面设计中，字群整体的编排运用得很多而且很好，从作品中能看出字群的组织是经过精心编排的。（设计：佐藤晃一）
图6-23 放大的字母与标题连为整体，同时与成块状的文案产生强烈的对比。（设计：Fabien Baron）
图6-24 首字的放大与内文的整体设计相对默契、严谨。首字、标题、内文与留白构成黑、白、灰的空间层次。

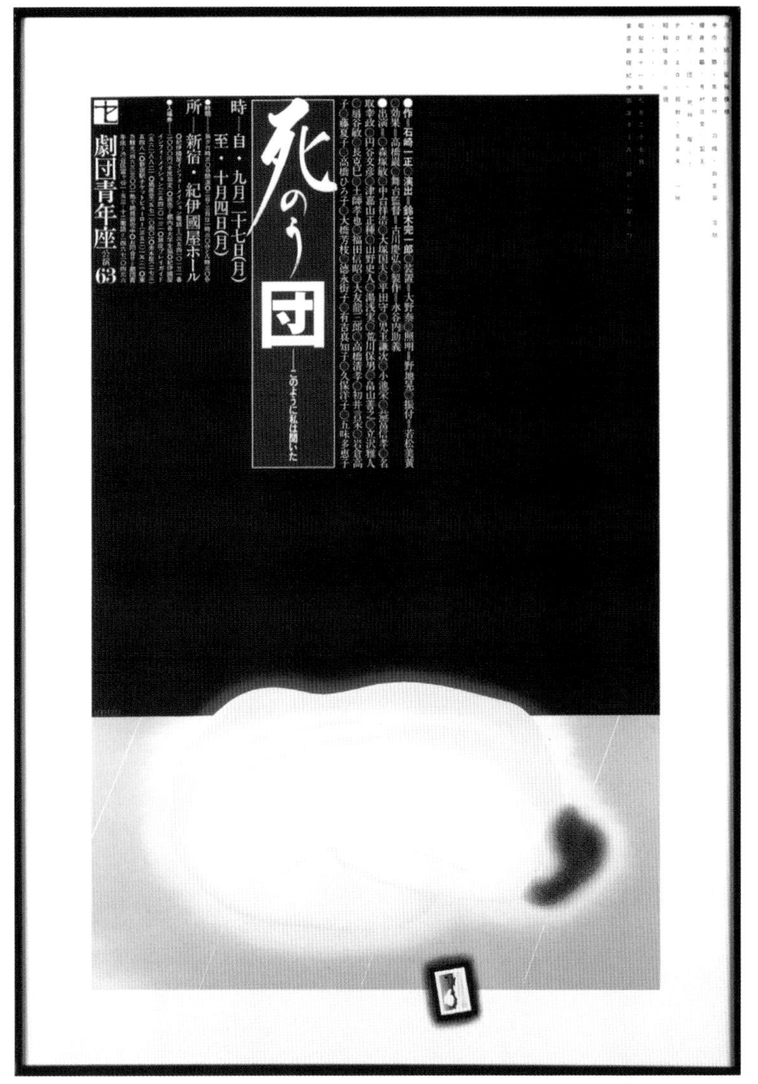

图6-22

Q

fall's refined appeal

Quiet luxury, considered line, beautiful fabrics: These are the qualities that epitomize the new elegance that underlies fall's flashier changes. These are clothes beyond the seasonal vagaries of fashion, yet within their timeless appeal show real, substantive changes that are absolutely of the moment. A sweeping black evening dress that bares only the shoulders in a statement of subtle exposure. A soft gray coatdress worn with matching trousers, in a completely original variation on the suit. "Elegance is understatement," says Calvin Klein. "The woman should stand out; the clothes should not overtake her." There's an integrity of design that allows these pieces to stand on their own: They don't need the glittery camouflage of a wristful of bracelets or strands of necklaces to look finished. "That ethic of jeweled, fussy, scalloped, and teased is just not in my world anymore," says Isaac Mizrahi. "Now a scent, a defined eyebrow, is all you need." Impeccable in balance, cut, and proportion, these are the clothes that, by virtue of their practicality, their lack of pretension, are the foundation of a great wardrobe. A new grace comes to evening. Opposite page: Black viscose/Lycra turtleneck, drop-waist dress, about $1375, by Donna Karan.

图6-23

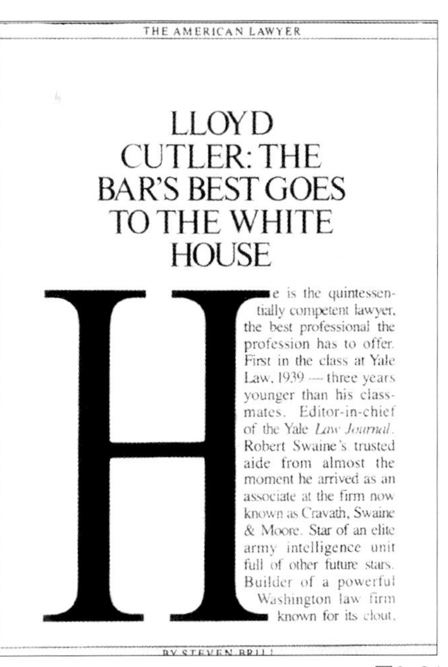
THE AMERICAN LAWYER

LLOYD CUTLER: THE BAR'S BEST GOES TO THE WHITE HOUSE

He is the quintessentially competent lawyer, the best professional the profession has to offer. First in the class at Yale Law, 1939 — three years younger than his classmates. Editor-in-chief of the Yale *Law Journal*. Robert Swaine's trusted aide from almost the moment he arrived as an associate at the firm now known as Cravath, Swaine & Moore. Star of an elite army intelligence unit full of other future stars. Builder of a powerful Washington law firm known for its clout.

BY STEVEN BRILL

图6-24

POSTERAM!
DE AFFICHE GALERIJ
IN DEN HAAG PRESENTEERT
AFFICHES VAN REZA ABEDINI
WINNAAR VAN DE PRINS CLAUS PRIJS 2006
TRAMTUNNEL, STATION SPUI,VAN 1 FEBRUARI TOT 2 APRIL 2007

图6-25

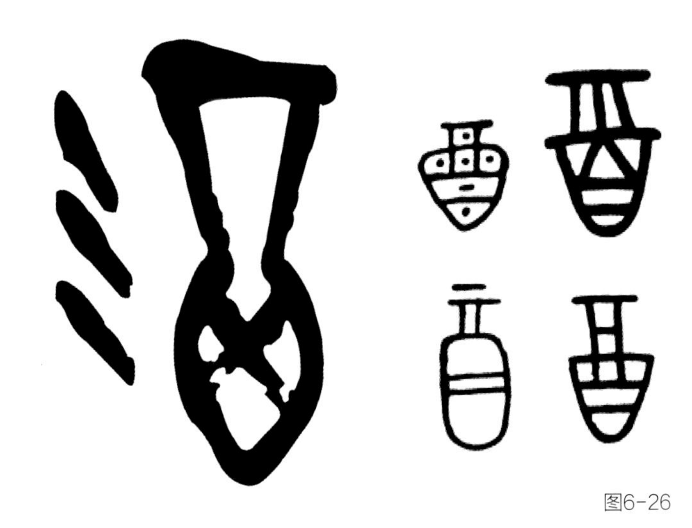

图6-26

图6-27

四、文字的图形表述

1．书法字体的图形语言

人类最初表达思维的符号是图画，而后是象形文字。由于象形文字只是一种形态性的记号，它因直观而古朴简洁，成为设计师热衷使用的设计元素。另外为了表达传统的民族信息或追求设计上的某种艺术效果，通常借助中国的书法字体来表现。书法讲究笔、墨，讲究形、意，讲究风、神、气、韵的艺术语言的形式美。学习借鉴书法的形、意、笔、墨在设计上的表现，是版式设计所追求的一种境界。各国的艺术家、设计师都非常重视书法艺术的运用，日本的平面设计在书法的运用上比中国更为广泛而且应用得更好，我们应该认识到自己的不足。

除书法字体的图形运用外，文字本身的字意意象也可以运用图形加以表现，用简洁、直观的图形，传达文字更深层的思想内涵。

图6-25 线穿插于剪影和白色字群中，与红色字群的位置形成另一个面，巧妙运用空间错落的手法来突出画面的中心。
图6-26 象形文字“酒”的图形语言。
图6-27 图形穿插于字体之间，共同表达广告内涵。

图6-28

图6-29

图6-28、图6-29 日本白木彰的现代字体构成，通过笔画的变形设计及色块的视觉媒介渲染，传达出一种极具形式感与思想性的内涵，他的作品往往以一个充满篇幅的大字，营造出或浪漫、或优雅、或古朴、或现代的情调。文字的编排表现力是非常丰富的，如文字的解构重组、叠合、散构、互动等。这些手法起源于20世纪初立体主义、达达主义和未来主义的艺术思潮运动，其影响极深，乃至成为当代的平面设计中很常见的表现风格。20世纪90年代末期，受西方文化的影响，中文文字的编排设计也尝试着向文字的耗散变化，注重文字的情感编排表达。这是极好的尝试，同时也是对传统文化的大胆挑战。而这种风格仍将持续发展，并需要设计同仁的继续努力和探索。

图6-30 杂志页面设计。图形化的文字设计为画面增添了节奏感，使画面跳跃起来。

图6-31、图6-32《视觉》杂志页面设计。两幅页面的设计风格是一致的。设计打破了传统的排版习惯，大胆探索设计的个性。

图6- 33 英文字母的平均排列以及中文字“半马骆”的图形化设计。

图6-30

图6-31

图6-32

图6-33

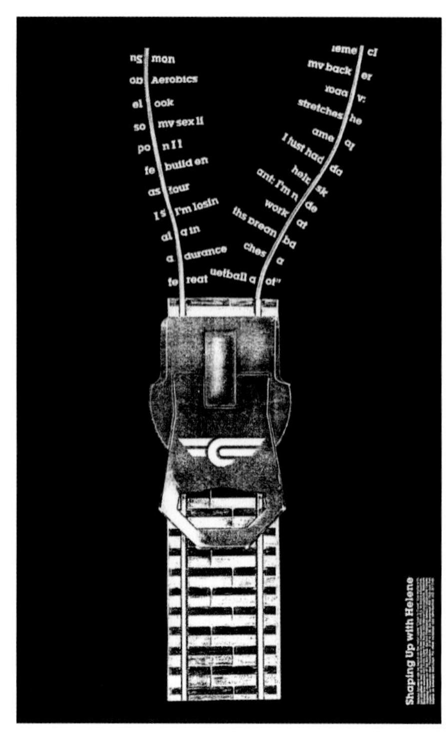

图6-34

2. 文字的图形编排

将文案排列成一条线、一个面或组成一个形象，并成为插图的一部分，使图文相互融合，相互补充说明，成为一个完整的设计体。文字的图形化是借助图形的编排形式来表达主题思想的，因此版面形式感强，简洁、整体、生动，可以说文字的图形编排是版面形式与内容最好的体现。但并非每件设计都可以作图形编排处理，必须依主题的内容和形式来决定。

图6-34 学生习作。文字编排与图形结合产生的共生图形，体现编排的创意。（设计：孔毅）

图6-35、图6-36《中兴百货广告作品全集1988—1999》中两幅系列广告。“鸡”的形态用文字精心编排而成。

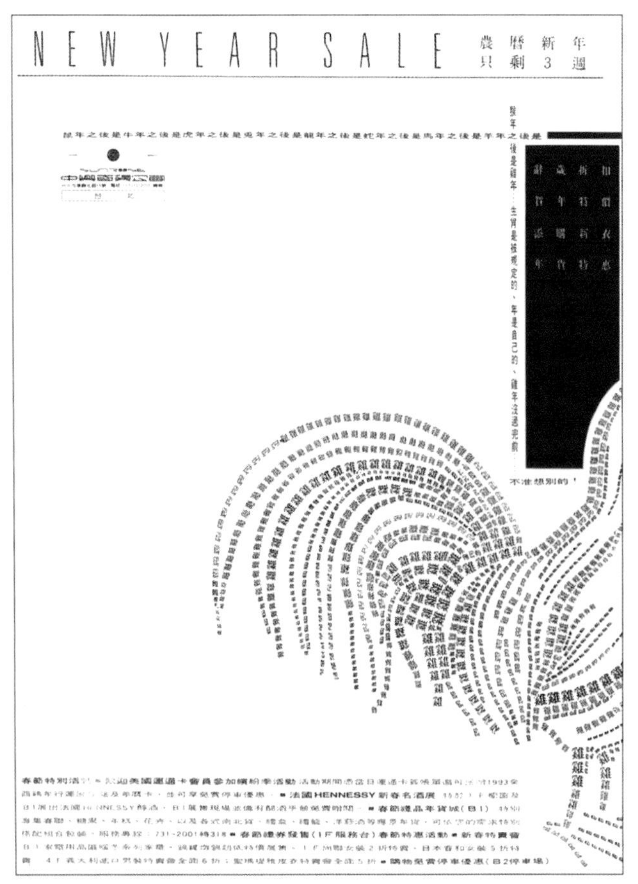

图6-35

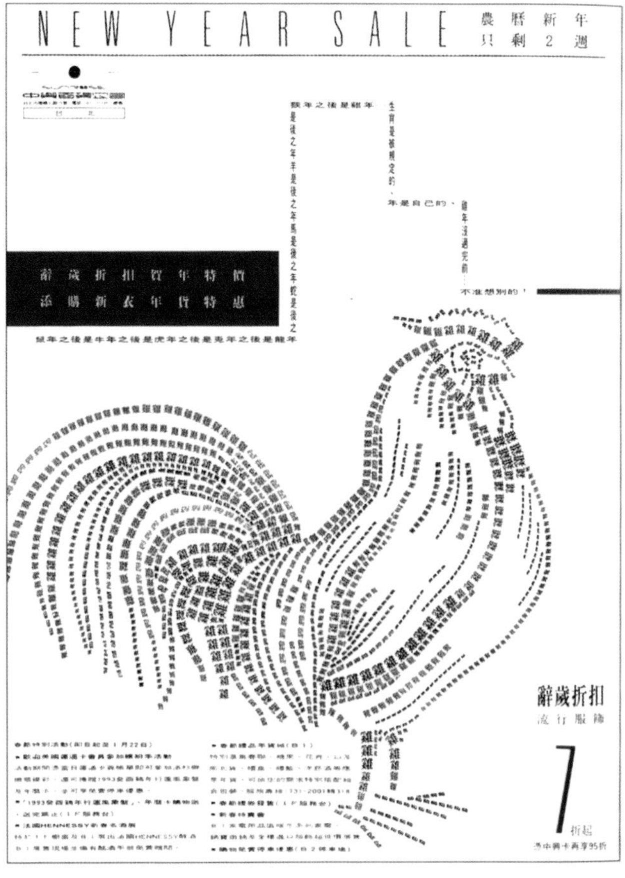

图6-36

图6-37

图6-38

图6-37 用英文构成的图形显得更具创意性和生动性。
图6-38 文案以圆形构成，文字随手势的导向造成由外至内的视觉流程。版面结构上下辉映，形式感强。
图6-39 1834年法国的一本刊物封面。将国王路易·菲利普的胖脸夸张为梨形。

27 Février 1834 … N° 58 — Jeudi.

Le Charivari,

JOURNAL PUBLIANT CHAQUE JOUR UN NOUVEAU DESSIN.

Nous donnons ci-dessous, conformément à la volonté de nos juges, le dispositif et l'arrêt du jugement en dernier ressort qui a frappé le *Charivari*. Le jugement de nos derniers juges est absolument pareil à celui de nos seconds juges, lequel était lui-même la reproduction de celui de nos premiers juges. Tant il est vrai que les beaux esprits se rencontrent. Comme ce jugement, tout spirituel qu'il soit, risquerait d'offrir peu d'agrément à nos lecteurs, nous avons tâché de compenser du moins par la forme, ce qu'il pourrait y avoir d'un peu absurde au fond.

Louis-Philippe, roi des Français, à tous présens et à venir salut. La cour d'assises du département de Seine-et-Oise, séant à Versailles, a rendu l'arrêt suivant. — La cour, etc. — Considérant que l'opposition est régulière, — Reçoit Cruchet opposant à l'arrêt par défaut du 20 mars dernier. — Faisant droit sur son opposition, et statuant par arrêt nouveau. — Considérant que la question de compte rendu ne pourrait être examinée par la cour sans remettre en question la compétence irrévocablement fixée par l'arrêt de la cour d'assises de Seine-et-Oise du dix août dernier et celui de la cour de cassation le 19 octobre suivant. — Considérant d'ailleurs, que les articles incriminés relatant les interrogatoires des prévenus et et les dépositions des témoins entendus dans les audiences de la cour d'assises de la Seine, des onze et douze mars dernier, renfermant ainsi, un véritable compte-rendu de ces audiences. — Considérant que de la comparaison des deux articles incriminés avec le procès-verbal dressé par les membres de la cour d'assises de la Seine le dix-neuf mars dernier, il résulte que le compte qu'ils contiennent, des audiences de ladite cour des onze et douze mars dernier, dans le procès, concernant Bergeron et Benoist est infidèle, qu'en effet les interrogatoires des accusés, les dépositions des témoins, les paroles prononcées par le président et par le procureur-général y sont pour la plupart tronquées et dénaturées, que même on y prête au président, au procureur-général et à plusieurs des témoins des paroles qui n'ont pas réellement été proférées. — Considérant que ces infidélités ont pour motif de jeter le ridicule soit sur l'accusation, soit sur le président, et que d'ailleurs les deux articles dont il s'agit sont remplies de réflexions et de qualifications offensantes pour le président et le procureur-général; d'où il suit que le compte-rendu l'a été de mauvaise foi, et qu'il est injurieux pour le président et le procureur-général. — Considérant que Cruchet a de son aveu signé lesdits articles comme gérant responsable. — Déclare Cruchet coupable d'avoir, dans le journal le *Charivari*, dont il est gérant, imprimé, vendu et distribué, rendu de mauvaise foi un compte non seulement infidèle des audiences de la cour d'assises de la Seine des 11 et 12 mars dernier, mais encore injurieux pour le président et le procureur-général, ce qui constitue le délit prévu par les articles 7, 16, de la loi du 25 mars 1822; 26 de la loi du 26 mai 1819; 11 de la loi du 9 juin 1819, et 14 de la loi du 18 juillet 1828, lus à l'audience par le président. — Faisant application de ces dispositions de lois. — Condamne Isidore Mathias Cruchet, en un mois d'emprisonnement et en 5,000 fr. d'amende. — Interdit pendant un an aux éditeurs du journal dit le *Charivari* de rendre compte des débats judiciaires. — Condamne ledit Cruchet aux frais du procès. — Ordonne en exécution dudit article 26 de la loi du 26 mai 1819 la destruction desdits numéros du journal *le Charivari*, qui pourraient être ultérieurement saisis. — Ordonne que dans le mois, à partir de ce jour, le gérant du journal le *Charivari*, sera tenu d'insérer dans l'une des feuilles dudit journal qui paraîtront, un extrait contenant les motifs et le dispositif du présent arrêt. — Ordonne que le présent arrêt sera exécuté à la diligence du procureur du roi, conformément à la loi. — Fait et jugé à Versailles en audience publique au Palais-de-Justice le lundi 9 décembre 1833 en présence de M. Salerai, procureur du roi, par MM. Antoine Aimé Marie Lefebvre, conseiller à la cour royale de Paris, président de la cour d'assises, Louis Claude Miroflé, vice-président du tribunal de première instance de l'arrondissement de Versailles, et Arnould Teissier, juge au même tribunal composant la cour d'assises du département de Seine-et-Oise, qui ont signé avec Jean Marie Fontaine, commis greffier assistant. — En foi de quoi la minute du présent arrêt a été signée par le président et le commis greffier ainsi signé Lefebvre Miroflé, Tessier et Fontaine.

图6-39

图6-40

图6-41

图6-40、图6-41 文字与插图的设计组合浪漫而充满想象，赋予版面活力。（设计：Shantanu Chatterjee， Sangita Dev）

图6-42

图6-42 一个活泼可爱的版式。“要成为一个受儿童喜爱的儿童读物的作者，首先要做一个孩子。”版式契合儿童天真烂漫的性格和思维方式，活泼有趣的编排，使版面产生节奏感与韵律感。（设计：John Klotnia，Ivette Monters De Oca）

图6-43 学生习作。文字的设计与“象鼻”的形象呈互动的编排。（设计：邱东）

五、文字的互动性与生动化

文字的互动性与生动化一般指文字围绕图形的编排设计所产生的动感，图文在组织结构中产生的和谐性，版面的趣味性、情感性。文字绕图形编排的位置，多为图形传达的要点、视点，因此图文互动的位置往往也是版面中最精彩的视觉中心，并引导视点。互动的文字虽然少或小，却能使版面立刻鲜活起来，版面不会僵死，而是有情感互动的，并能与你对话。

文字互动性和生动化的编排首先是设计师与心灵的互动，其次是设计师与主题内容的互动，再次是设计师与版面情感交流的互动，这样才能达到设计作品的互动。

图6-43

图6-44

图6-45

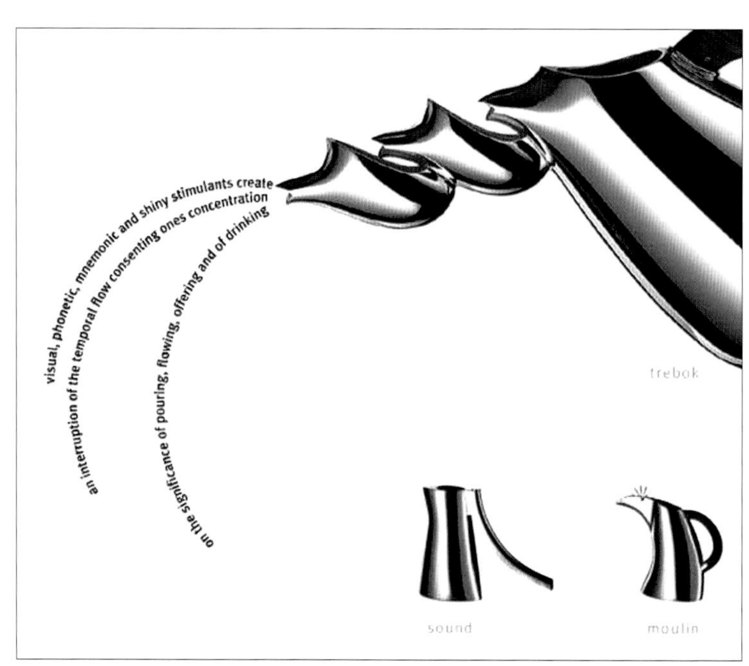

图6-46

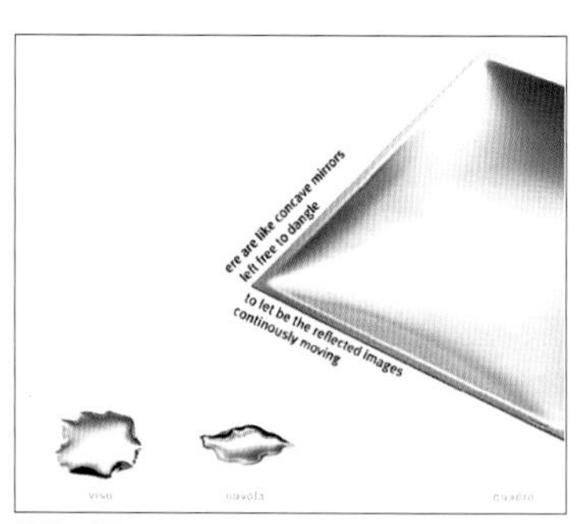

图6-47

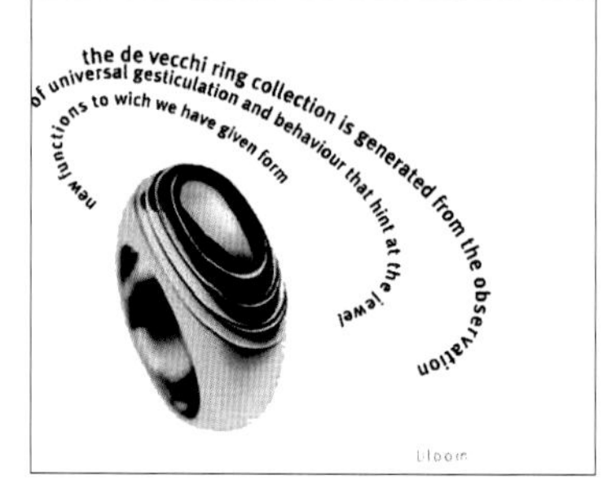

图6-48

图6-49

图6-50

图6-44 广告中生动的人物动态和情节与广告标题有趣的结合，使画面动感活泼。
图6-45 运动中的人物与标题产生互动。文字的设计紧扣主题，并产生强烈的动感和跳跃度，成为版面最活跃的视点。（设计：Mike Salisbury Communication）
图6-46至图6-48 三个画面中的文字信息表述与产品形态产生有机的互动。
图6-49、图6-50 文字编排的方向性使画面有动感。
图6-51、图6-52 文字的互动使版面的视点更集中，激发人们的联想。

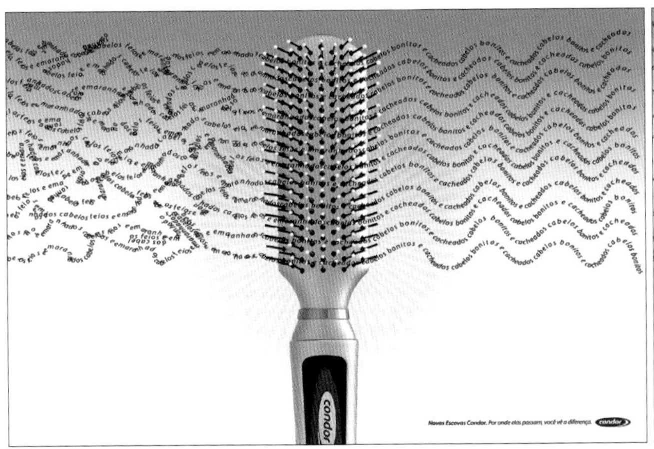
图6-51

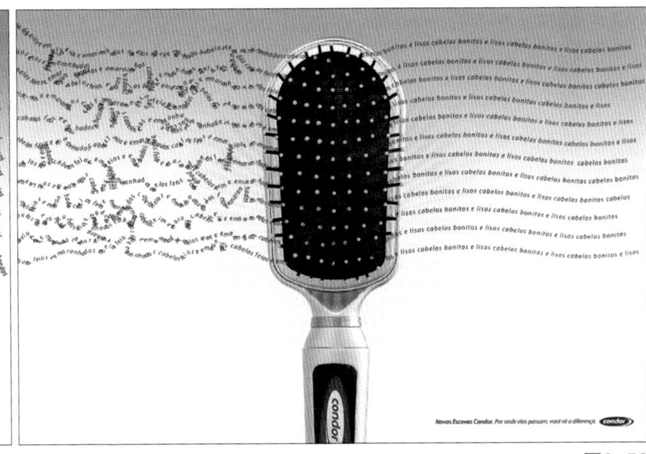
图6-52

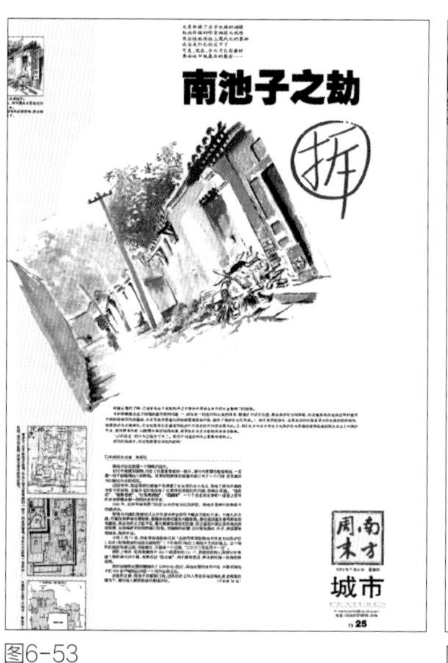

图6-53

图6-54

六、文字的跳跃率

1.放大文字即增强跳跃率与阅读率

文字跳跃率低的版面没有活力，读者没有继续阅读的兴趣，即使阅读，也不会对版面产生印象。尤其在现今，人们生活在快节奏、高强度的环境下，都难有足够的时间来慢慢地阅读报纸杂志，一般都在众多的标题信息中寻找重要的、跳跃度高的、有兴趣的阅读信息。那些跳跃率极高的标题信息，更容易成为读者首选的阅读信息。所以文字信息的跳跃率与阅读率是成正比的。放大文字标题信息即增强版面跳跃率与阅读率，增强版面的生动性。

降低版面文字跳跃率会使版面显得毫无生气，但如果版面安排得当，降低跳跃率却能体现版面对象的高品质。

图6-55

图6-56

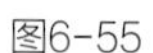

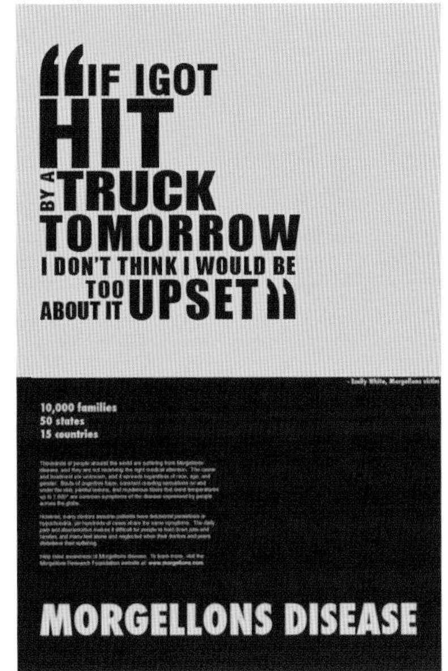

图6-57

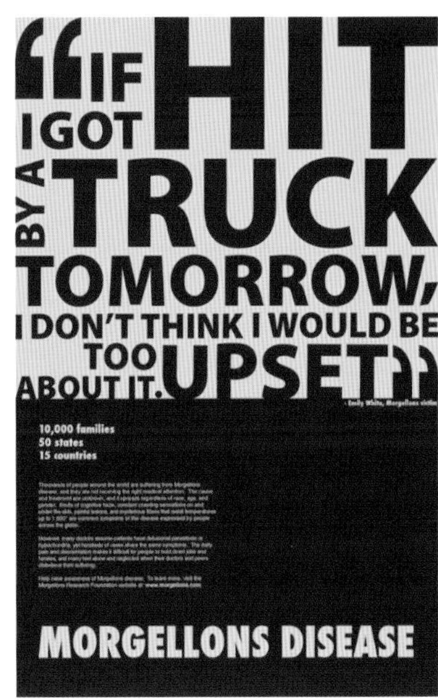

图6-58

图6-53、图6-56 标题文字过小，降低了文章的阅读率。
图6-54、图6-55 为改动后的画面，标题文字增大，增强了阅读的兴趣和信息传达力。图6-54利用我们平日里大街小巷常看到的“拆”字，在版面中心放大，点出内容关键点，倾斜图片增加新闻事件的危机感，其他琐碎信息无一不考究点、线、面的相互关系，彼此作用，构成一幅重心突出且散而有序的版面。（设计：周一萍）
图6-57 标题信息缩小显得安静，注重版面的整体性。
图6-58 版面标题信息放大至充满版面，失去了版面的宁静，变得喧闹，同时文字的跳跃度和阅读性增强。
图6-59、图6-60 缩小字体显得冷静，放大字体增强阅读性。

图6-59

图6-60

2．标题的设计增强跳跃率

为了使标题在版面中达到更悦目的效果，可采用：放大标题字号；加粗字体笔画；对标题进行设计编排。前两种是最简单而常用的方式，而第三种是对标题进行设计，无论是文字的结构变化或是字体的组合设计，一旦设计达到了完美的表现，版面即刻鲜活起来。这一手法是借英文字母散构的形式发展而来的。它打破了我们一贯庄重、刻板、无变化的排列程式，使我们的设计更富有动感、激情，似乎在与人沟通、对话。文字与图文相互的设计状态，同时也增强了标题在版面中的互动性、设计性和审美性。许多优秀的版面就取胜于标题的完美设计。

标题或主题信息是视觉传达的重点，应该精心编排设计，不可忽视。同时，在设计标题与主题信息时我们不能完全依赖电脑字体。其实文字的编排有丰富的表现力，若仅仅采用简单的一行排列，就难以达到完美的表现效果。文字平行的编排产生静态，而标题最佳的状态是产生动态，给人以跳跃感，有主动与人沟通的感觉，这样才能更好地达到信息传达的目的。

图6-61

10 mystical travel destinations

(μέρος α | part a)

Μνημεία Παγκόσμιας Πολιτιστικής και Φυσικής Κληρονομιάς, τόποι άγριας ομορφιάς που συνδέονται με θρύλους, αινίγματα, μυστηριακές λατρείες, ή μέρη παραμυθένια, που η ύπαρξή τους και μόνο μοιάζει να καταργεί τη λογική σειρά του κόσμου. Hereux qui comme Ulysse, a fait un beau voyage...

World Monuments of Cultural and Natural Heritage and wild beauty, linked to legends, mysteries, mystical ceremonies, or enchanted destinations whose mere existence seems to contradict the natural order of the universe. Hereux qui comme Ulysse, a fait un beau voyage...

A UNESCO World Heritage Site (Cultural or Natural) is a place (such as a forest, mountain, lake, desert, monument, building, complex, or city) that is listed by UNESCO as being of "special cultural or physical significance." In other words, it represents an irreplaceable part of the common heritage of humanity, and it is in its best interests that this site be preserved - either because of its exceptional natural beauty and aesthetic importance, because it is a masterpiece of human creative genius, because its bears exceptional testimony to a cultural tradition which has disappeared... As of 2009, UNESCO lists 890 sites in 148 states. Out of a total of about 400 World Heritage Sites in Europe, 17 of these are located in Greece. There is a little miracle located in almost every corner of the Old Continent...

图6-62

图6-63

OGILVY ON SCAM ADVER-TISING

图6-64

PRACTICAL PROPAGATION

Vrits
Ryffstrasse 12
CH-4056 Basel

11 December 2008 — 11 January 2009

Friday, 6—9pm
Saturday, 3—7pm

Exhibition Preview:
Thursday 11th Dec 2008, 6—9pm

'Practical Propagation/More than This' is a two part international exchange project between UK and Swiss-based artist-led groups 100th Monkey and Vrits. The project arose from the shared interest in questioning and expanding our expectations and convictions. The exchange will explore ideas of the supportive collaboration between individual artists as part of a collective, whilst maintaining and evolving the personal and subjective interests of individuals.

100thmonkey

Claire Davison

Andrew Lim

Joanne Masding

Bryony Moore

Suzanne Smith

Vrits

图6-65

图6-61 标题的生动化设计。
图6-62 标题的立体造型设计，丰富了版面空间的视觉层次，增强了版面的阅读兴趣。（设计：Kjerstin Westgaard）
图6-63 版面的标题信息组编排整体，加上相机外形的线条和红色，更强化了版面的主视觉。
图6-64 在左右页的展开页面中，标题用了整个左页来强化，加之红色的应用，更增强了版面的对比性。
图6-65 在四栏的骨骼中，标题占据了两栏，增强阅读兴趣。

图6-66

图6-67

图6-66 图例传达了设计师对版面整体设计的理性思维观念，使前后页面形成强、弱、空、满的强节奏对比，另外版面特别强化了文字的图形符号，更强化了版面的设计性。

图6-67 图例中标题的设计不仅强化了版面的视觉度和阅读的兴趣，还提升了版面的设计性。版面的设计性其实更多地体现在文字与文字的设计之间，或者对版面整体的规划设计，但这往往是我们在设计时容易忽略的。

图6-68、图6-69 图6-69为原设计，图6-68是改动后的设计。改动前的设计稿文字小，排列不够生动；改动后的文字强调了“V+D”的功能重点，设计尝试了多种编排组合，使字群构成重点突出，强化了功能和广告语的跳跃度、视觉度。

图6-68

图6-69

图6-71

图6-70

图6-70 版面大胆地运用文字与人的夸张对比的编排来构成版面的娱乐文化新视觉，以满足读者求新求刺激的娱乐心理，构成时尚文化的新视觉。

图6-71 前后页面的延续设计风格。标题字组错落有致的编排，并产生了文本四个层次大小的字号，使字群整体、生动而富有变化。

七、文字的耗散性

现代主义和国际主义的艺术运动对整个20世纪设计艺术的影响是巨大的，到20世纪90年代，现代主义和国际主义的艺术风格依然影响着平面设计的发展。编排设计一反传统美学提倡的逻辑秩序、和谐统一等形式原则，在传统的审美变异基础上，以非理性的审美观念为设计依据。版面往往采取极端自由无序，如无主次、无中心，或者相互重置叠置、相互矛盾、相互排斥的编排方式。这种崭新的编排形式与风格，富有朝气与活力，具有鲜明的个性。这无疑是更值得我们学习、研究与探索的。

图6-72

图6-72 文字随意的编排产生轻松感。
图6-73 英文单词散构和大胆的字边切割设计，以及强烈的黑白对比，设计师希望表达一种时尚、前卫的设计风格。（设计：Tracey Shiffman）

图6-73

图6-74

图6-74　将字母解构和不断的重复编排的设计，在20世纪的立体主义、达达主义、未来主义的表现中是最常见的艺术表现风格，并影响到后期的平面设计风格。（设计：Shin Matsunaga）
图6-75 《混设计》内页。将文字解构的手法多见于西方，而将中文字体笔画解构极少见，这种设计比较新颖。（设计：周伟伟）
图6-76　散是一种风格，也体现了设计者的风格个性。

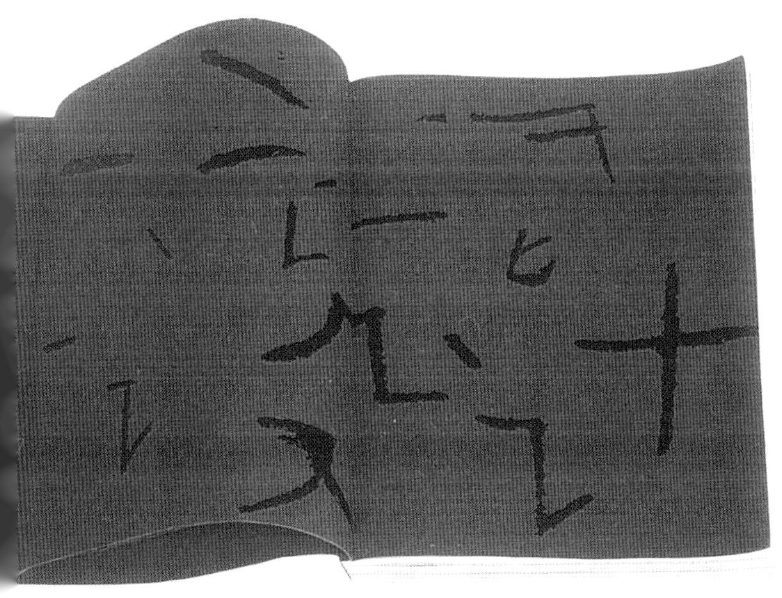

图6-75

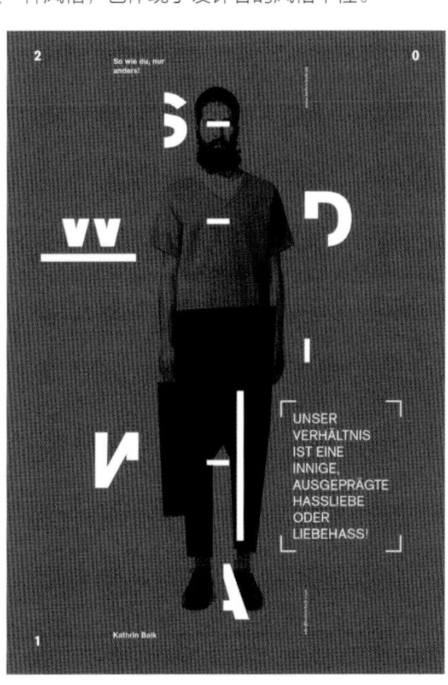

图6-76

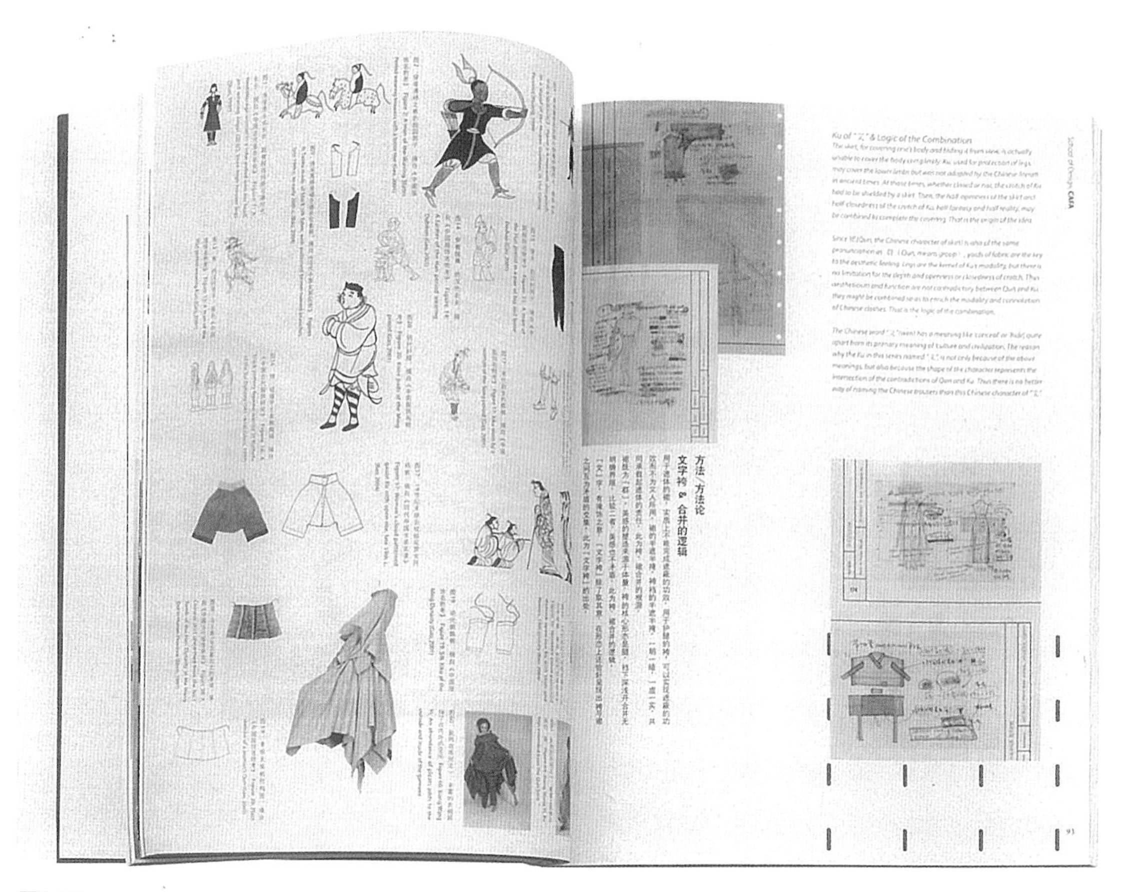

图6-77

图6-77《设计进行时》内页设计。内容编辑基于中央美术学院与谢菲尔德哈勒姆大学对于项目设计的交流与沟通定位于“过程”设计的呈现。设计尝试采用两套系统在一本书中，中文竖排与英文横排结合，纵向网格延展与横向网格延展，中方项目突出中文竖排，英文弱化到第二层次，反之，英文项目强化英文横排延展，弱化中文。正因为是中西文化交流沟通的书籍，因此在风格上与中国传统书籍风格设计有很大不同，横向延展呈现出松散、轻松的风格，突破了传统的严谨风格。（设计：王捷、王东琳）
图6-78《宝相庄严——五百罗汉集释》内页设计。风格严谨庄严，左右图文对称。（设计：袁银昌）
图6-79 文字与图形相互交错渗透，文字与图版朝三个不同的方向排列。营造了版面的神秘性，提高了读者的阅读兴趣。

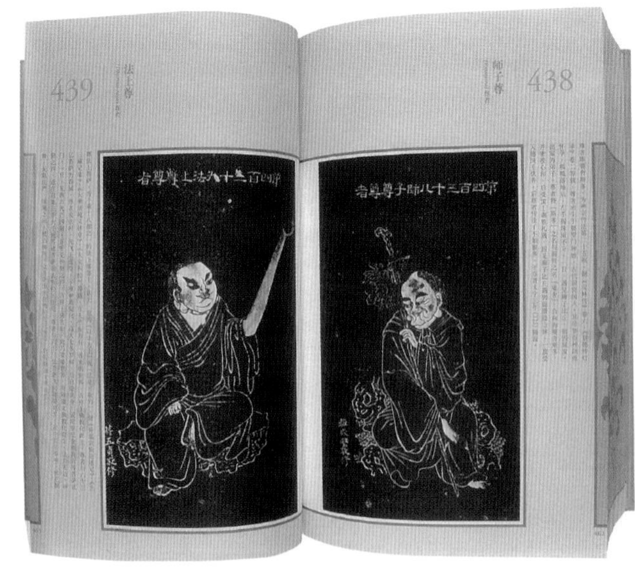

图6-78

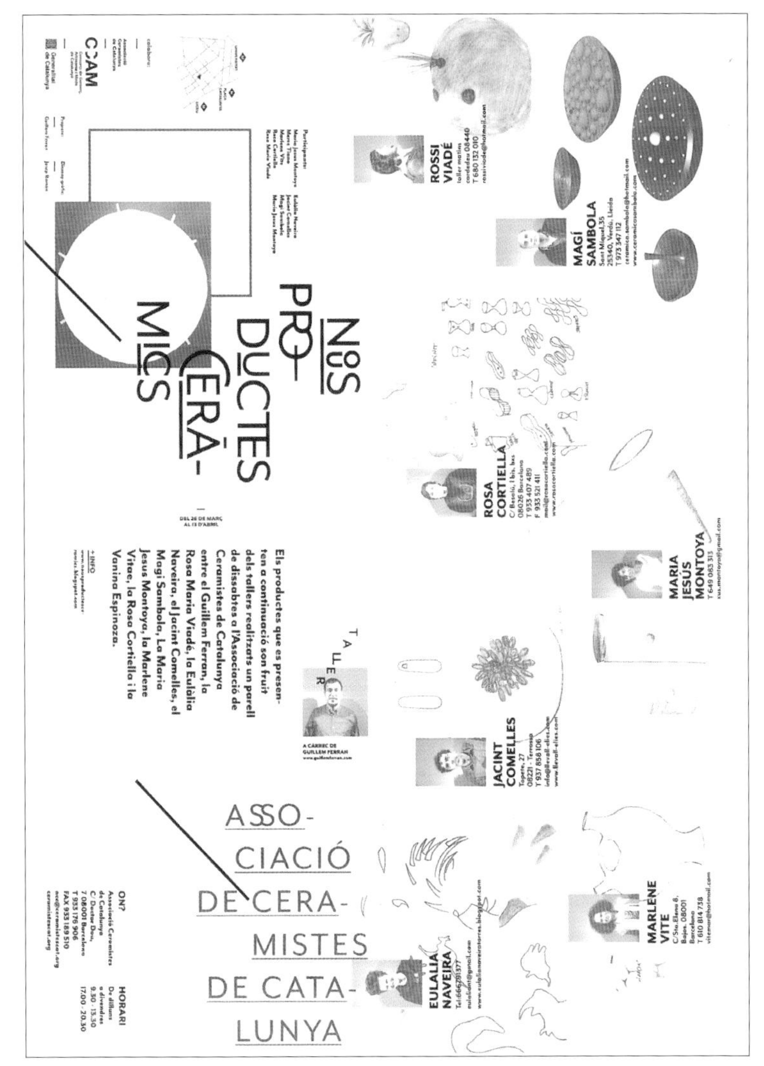

图6-79

教学目标与要求

字体的设计与文本的编排设计在版式设计中占据十分重要的位置，本章的教学目标是强化文字编排构成的理论认识，包括：字号、字体、行距，引文的强调，文字的整体编排，文字的图形表述，文字的互动性与生动化，文字的跳跃率，文字的耗散性，强调设计过程的分析、思考与比较，提高设计的自觉认识能力。

教学过程中应把握的重点

1.强化文本标题设计，让版面活起来，设计中注重设计的互动性和情感表述、促进与读者的情感沟通、增强阅读性。

2.注意版面文字的层次设计，根据文本内容的重要程度来强调或减弱文本信息的传达，加强文字间信息的强弱对比与字形的对比，让文本更加生动，更有利于传达。

3.注意文本编排的形式风格与内容的一致性，以及文本编排与空间的关系。

思考题、讨论题

1.版面中的字体、字号与行距在设计中是学生最容易忽略和常出现的问题，你是否有所重视？

2.在现代版面设计中，“设计感”常体现于文字的设计表现和文版的编排表现，你如何理解文字的表现力，以及在版面中的视觉层次？

3.文本的整体编排在版面中发挥怎样的作用？它与文字的散构表现为完全不同的风格，你如何理解？

4.受西方文化冲击，本土平面设计在文字解构与文字互动的设计表现在何时兴起？在你的设计中应用过吗？文字解构与传统审美观念上有哪些差异？

第七章

图版的编排构成

一、图版率

图版率是指版面相对于文字、图（图片或照片）所占据的面积比。进入信息时代，人们的生活节奏更快，时间更紧，很少有人再像从前那样慢悠悠地阅读。今天，人们在信息的阅读上，首先选择醒目、图版率高、有兴趣的信息。因此，在版面编排中掌握图版率很重要，它会直接影响版面阅读的视觉效果，影响读者阅读的兴趣。

1．图版率低，减少阅读兴趣

图版率是指图所占版面的比例，用“%”表示，如版面全是文字，图版率为0，相反全是图形则图版率为100%。光有文字无图画或者小画面、少画面的版面，阅读的兴趣会降低。像小说、诗集等以文字为主的版面，图版率为10%则更能增进阅读性，假如一本小说无插图，版面则显得沉闷。插图会给人真实的联想，透过插图，我们从中可感知此书的内容。这就是图画传达的魅力与价值。

2．图版率高，增强阅读活力

当图版率达到30%～70%时，读者阅读的兴趣就更强，阅读的速度也会因此加快（图片的信息传达比文字要快），版面也会更具有活力。当图版率达到100%时，产生强烈的视觉度、冲击力和记忆度，此时版面的文字会起到画龙点睛的作用。高图版率使版面充满生气，适合商业性读物。

ART AND DESIGN

JRT(楼近宇)
(www.tvb.com.cn) motion designer
网络是一个充斥新技术与新概念的领域，尽管目前的网络仍然是以静态的页面呈现为主，但是"交互"、"动态"、"立体"这些单词必然会随着新技术的成长成为网络的主流概念，领域内的艺术与设计的创作者，

设计交流
标志设计的象征性研究
Research on Symbolization in logo Desingn

muyu（刘畅）
数字化的设计随着科技与经济的发展，正在飞速的壮大成长，它不仅沟通了科学和艺术，联系起了设计的传统和未来，它融入传统的设计方式，又展现了数字世界独特魅力的视觉语言，它使设计领域经历着深刻的变化并导致设计领域的重构和扩展，由此也为我们设计师带来了巨大的契机。
设计是一件认真而严肃的事情，设计师必须能够把握感性认识和理性分析，艺术和技术之间的平衡。然而，网络的快捷和资源的丰富往往给人带来一种浮躁的心境，在高度数字化、信息化的社会中，为了能够从周围环境获取更多的信息，人们对于媒体和媒体的载体，都表现出了极大的热情，甚至比信息本身更大的兴趣——一种工具狂热，这在具体的设计行为中不免出现一些问题，这对于整个网络设计的环境的培养是非常不利的，虽然目前国内的网络设计的状况还不很乐观，不过一切还需要假以时日，要在时间

来完整人的认识，要花时间来培养网络设计的环境和气氛。中国即将加入WTO，设计在网络、商业、文化、社会中的价值正逐步被体现。
个人站点 http://www.colorbird.com

tommy（于涛）
网络新媒体设计的三大流派——艺术、技术和品牌

网络新媒体设计是一个全新的设计领域，与传统广告行业相比具有独特的网络特性，追随互联网的发展，网络新媒体设计逐渐分成了艺术派、技术派和品牌派。

所谓艺术派或许可以理解为网上的纯艺术，这部分设计师追求独特、个性化的设计风格，不注重页面的大小、下载的速度和观众的喜好，以及对于他们作品的理解程度。看他们的作品就像欣赏一幅后现代主义的艺术作品，绚丽多彩、个性张扬，具有强烈的视觉冲击力和感染力，只是你一定要一颗够健的心脏和足够的耐心吧。

技术派的崇拜者不断追求高科技、新技术，他们站在科技的最前沿，哪里有新技术的诞生，哪里就有他们的勇于尝试和勤勤恳恳的推广，同时也在努力的尝试并标新新的技术，各种新生软件、3D作品的网络化、利用新宽的流媒体，虚拟现实等新技术正在以迅雷不及掩耳之势从你身边飞速而过，如果你有三个月不接触网络，突然间就会发现一切都变得那么陌生了。

品牌派的人群细分布在各大4A广告公司、网络广告公司之中，他们的成就在于把网络新媒体设计塑造成为一种真正的商业设计，以塑造公司客户的品牌为前提，运用传统广告的创意概念，遵循网络媒体的特性，建立起一个个商业网站和网络广告，最好的设计就是看不到设计，观众的精力只会集中在品牌和内容中，不会受到其他元素的干扰，它没有张扬的个性宣泄和前卫的技术，惟有踏踏实实的品牌营造，或许你会觉得这种设计很枯燥，没有情趣，其实这正是它们的魅力所在，想不到吧。

你认为自己属于哪一种流派呢？或者你喜爱一种呢？其实这一点都不重要，这三种设计流并行存在，在不同的领域自有不同的侧重和优势，并无孰优孰劣之分，只要结合你自身的特点和喜好，开发天分，挖掘潜力，就一定会开创出你自己的一片广阔天地。

到那时候，如果你再次翻开我这篇文章，你一定会说："老掉牙喽！"。
个人主页 www.soniceidea.com

阿三
我所理解的web信息结构：今天的许多站点中，有很多都给我一种感觉，那就是缺乏了对web信息结构的深刻理解，而把精力都放在了PL的图片或者色彩上了，的确，很多站点设计得都相当的精致、漂亮、富有个性，但也在实际访问中会暴露一些致命的弱点，导航的混乱，页面下载不科学等，我想，这些都是由于设计者对网站的信息结构不知理解造成的，相信全国大多计算机培训中心都只教学员学习Dreamweaver、Photoshop、Flash等网页制作软件的使用，很少会对学员深入的讲解网站信息结构的问题，我也是走上了工作岗位之后才在工作中开始逐渐理解信息结构的。

网站不同于杂志书本，设计者不能够控制用户在web信息中的导航路径，但是，使站点的内容对于每一个web用户可用，并吸引访问者发现他所处的位置，是设计者应当首先

36

JRT(楼近宇)
(www.tvb.com.cn) motion designer
设计交流
标志设计的象征性研究
Research on Symbolization in logo Desingn
muyu（刘畅）
tommy（于涛）
个人站点 http://www.colorbird.com

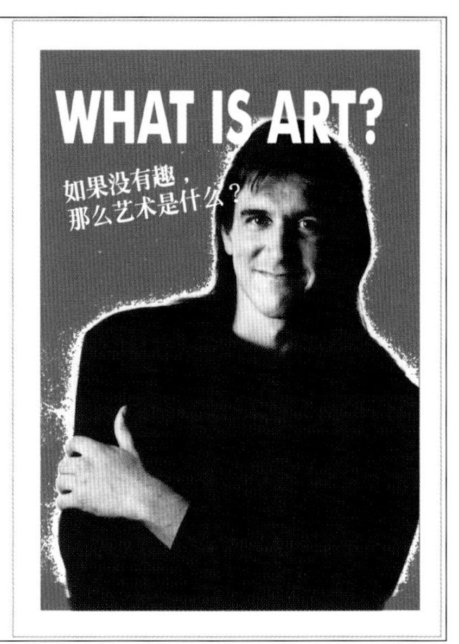

图7-1 图7-2 图7-3

椅子的世界 我们将会一览无余
on aura tout yu

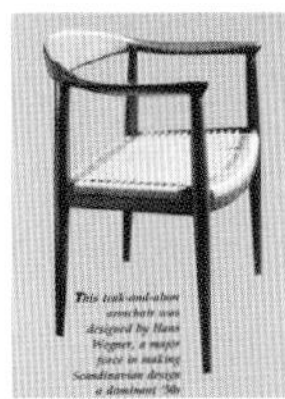

椅子的世界 我们将会一览无余
on aura tout yu

图7-4 图7-5

图7-1 图版率为0，阅读性弱，版面沉闷。
图7-2 图版率为40%，阅读性增强，版面充满生气。
图7-3 图版率为100%，产生强烈的视觉度。
图7-4、图7-5 图像的视觉度是指图像表现力的强弱。表现力与图像表现的对象的完美度有关，也与图像的面积有关。图7-4中版面图片的面积小，物象弱，对读者所产生的兴趣和视觉度则低。图7-5，增加了图片的面积后，图版率增高，同时视觉度也增强。

二、角版、挖版、出血版

1．角版

角版也称方形版，即画面被直线方框所切割，是最常见、最简洁大方的形态。角版版面有庄重、沉静与良好的品质感。角版图形在较正式的文版或宣传页设计中应用较多。角版理性，使版面紧凑。

2．挖版

挖版图也称退底图，即将图片中精彩的图像部分按需要剪裁下来。挖版图形自由而生动，动态十足，亲切感人，使人印象深刻。与文版或角版图形组合应用，挖版图成为版面动感元素，文版、角版相对为静态元素，动与静丰富了版面的视觉层次和对比关系。退底图形使用的目的在于借简洁、单纯的形态，去追求鲜明而强烈，甚至是张扬到极致的艺术效果。挖版打破约束，活泼、自由。

3．出血版

出血版，即图形充满或超出版面，无边框的限制，有向外扩张和舒展之势。出血版由于图形的放大，局部图形的扩张性使读者产生紧迫感，并有很高的图版率，一般用于传达抒情或运动的版面。图形出血，因不受边框的限制，使其情感得以更好地宣泄，使动态得到更好的舒展。

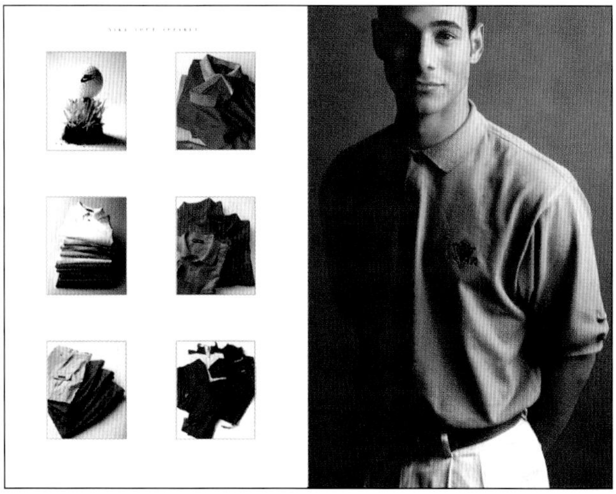

图7-6

4．角版、挖版、出血版的组合运用

角版沉静，挖版活泼，出血版舒展、大气。设计中，图形的这三种处理方式都可穿插灵活运用。单一的编排方式，版面显得呆板且松散无序。

图7-7

The Independent on Sunday · 9 September 2002

LifeEtc. | 5

FASHION | Zoe Brown

You've got the look

Our experts take to the streets to find out what real people are wearing, and show you how to recreate their style

This week Urban amazon

Top

Belt

Trousers

Bag

Shoes

Dear Wolfgang

BeautyBag

Snip of the week

图7-8

图7-6 以角版、出血版编排的版式。角版受到约束，出血版产生张力。

图7-7 采用挖版手法编排的版式。（设计：Mike Lescarbeau）

图7-8 挖版图与角版图形的组合应用。

图7-9、图7-10 图7-9只采用角版图形，版面显得单调。经过改版后，图7-10增添的挖版图形成为了版面的视觉点，使版面显得生动。

Robin Kinross | 11

Times Roman Gill Sans

The new fontmaking technics helped to power a notable phenomenon that one saw appearing in the middle 1990s and after: the large family of fonts, in which several bolder and lighter weights are provided, as well as other variants of style and character set. Typeface families have been with us since

in a behind-the-scenes capacity for FontShop, as well as publishing their types there. Van Rossum also worked on the development of Spiekermann's Meta typeface, which unrolled from 1988 through the 1990s in a set of ever-expanding variants of weight, style, and character set. One of the contributions of Meta was to help set the pattern for the more subtle variety of sanserif, which would flourish - to the point of wild overgrowth - in the years that followed.

Consolidation

The new fontmaking technics helped to power a notable phenomenon that one saw appearing in the middle 1990s and after: the large family of fonts, in which several bolder and lighter weights are provided, as well as other variants of style and character set. Typeface families have been with us since the early years of the twentieth century: Cheltenham, designed by Bertram Goodhue and Morris Benton, is often cited as the first of the genre. Other examples followed

图7-9

Robin Kinross | 11

Times Roman Gill Sans

The new fontmaking technics helped to power a notable phenomenon that one saw appearing in the middle 1990s and after: the large family of fonts, in which several bolder and lighter weights are provided, as well as other variants of style and character set. Typeface families have been with us since

in a behind-the-scenes capacity for FontShop, as well as publishing their types there. Van Rossum also worked on the development of Spiekermann's Meta typeface, which unrolled from 1988 through the 1990s in a set of ever-expanding variants of weight, style, and character set. One of the contributions of Meta was to help set the pattern for the more subtle variety of sanserif, which would flourish - to th point of wild overgrowth - in the yea followed.

Consolidation

图7-10

图7-11

图7-12

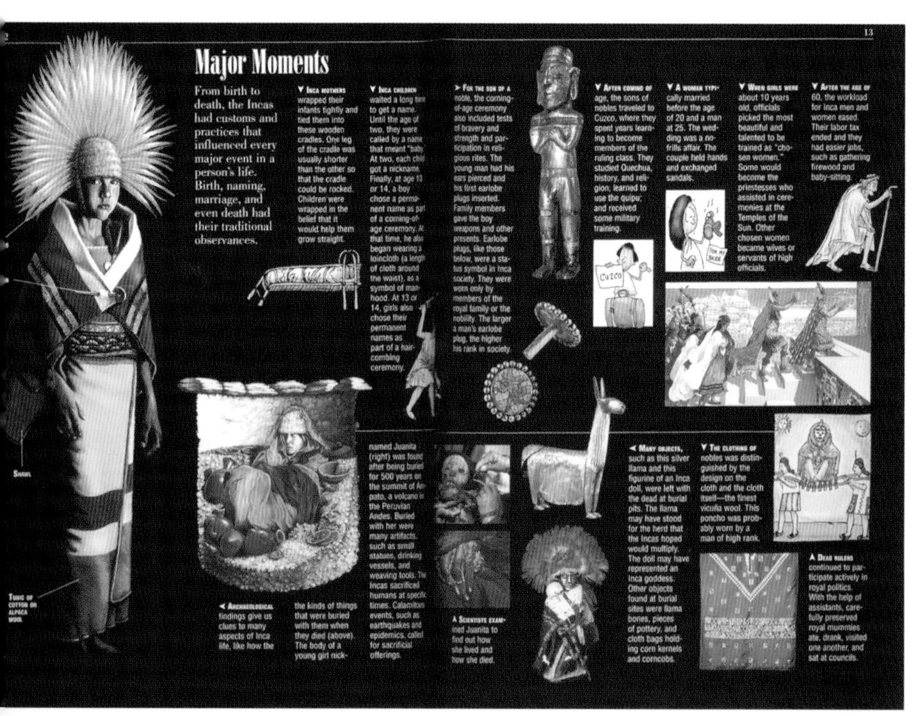

Major Moments

From birth to death, the Incas had customs and practices that influenced every major event in a person's life. Birth, naming, marriage, and even death had their traditional observances.

▼ INCA MOTHERS wrapped their infants tightly and tied them into these wooden cradles. One leg of the cradle was usually shorter than the other so that the cradle could be rocked. Children were wrapped in the belief that it would help them grow straight.

▼ INCA CHILDREN waited a long time to get a name. Until the age of two, they were called by a name that meant "baby." At two, each child got a nickname. Finally, at age 13 or 14, a boy chose a permanent name as part of a coming-of-age ceremony. At that time, he also began wearing a loincloth (a length of cloth around the waist), as a symbol of manhood. At 13 or 14, girls also chose their permanent names as part of a hair-combing ceremony.

➤ FOR THE SON OF A noble, the coming-of-age ceremony also included tests of bravery and strength and participation in religious rites. The young man had his ears pierced and his first earlobe plugs inserted. Family members gave the boy weapons and other presents. Earlobe plugs, like those below, were a status symbol in Inca society. They were worn only by members of the royal family or the nobility. The larger a man's earlobe plug, the higher his rank in society.

▼ AFTER COMING OF age, the sons of nobles traveled to Cuzco, where they spent years learning to become members of the ruling class. They studied Quechua, history, and religion; learned to use the quipu; and received some military training.

▼ A WOMAN TYPICALLY married before the age of 20 and a man at 25. The wedding was a no-frills affair. The couple held hands and exchanged sandals.

▼ WHEN GIRLS WERE about 10 years old, officials picked the most beautiful and talented to be trained as "chosen women." Some would become the priestesses who assisted in ceremonies at the Temples of the Sun. Other chosen women became wives or servants of high officials.

▼ AFTER THE AGE OF 60, the workload for Inca men and women eased. Their labor tax ended and they had easier jobs, such as gathering firewood and baby-sitting.

SHAWL

TUNIC OF COTTON OR ALPACA WOOL

◄ ARCHAEOLOGICAL findings give us clues to many aspects of Inca life, like how the the kinds of things that were buried with them when they died (above). The body of a young girl nicknamed Juanita (right) was found after being buried for 500 years on the summit of Ampato, a volcano in the Peruvian Andes. Buried with her were many artifacts, such as small statues, drinking vessels, and weaving tools. The Incas sacrificed humans at specific times. Calamitous events, such as earthquakes and epidemics, called for sacrificial offerings.

▲ SCIENTISTS EXAMINED Juanita to find out how she lived and how she died.

◄ MANY OBJECTS, such as this silver llama and this figurine of an Inca doll, were left with the dead at burial pits. The llama may have stood for the herd that the Incas hoped would multiply. The doll may have represented an Inca goddess. Other objects found at burial sites were llama bones, pieces of pottery, and cloth bags holding corn kernels and corncobs.

▼ THE CLOTHING OF nobles was distinguished by the design on the cloth and the cloth itself—the finest vicuña wool. This poncho was probably worn by a man of high rank.

▲ DEAD RULERS continued to participate actively in royal politics. With the help of assistants, carefully preserved royal mummies ate, drank, visited one another, and sat at councils.

13

图7-13

图7-11 挖版图形与角版图形组合，相得益彰。
图7-12 图片均采用挖版图形，版面显得既互相配合又相互补充，成为整体。
图7-13 挖版图形与角版图形组合的表现。
图7-14 设计有意突出挖版图形的风格表现。

图7-14

三、视觉度

版面的视觉度是指文字和图版（插图、照片等）在版面中产生的视觉强弱度。版面的视觉度和图版率一样关系到版面的生动性、记忆性和阅读性。版面设计，如果仅仅是文字版面的排列而无图形的插入，版面会显得毫无生气；相反只有图片而无文字或视觉度低的文字信息，则削弱了与读者的沟通力和亲和力，阅读的兴趣也会减弱。

从图形与文字的视觉传播力和表现力来讲，图形的传播度要比文字快，形象、直观，阅读兴趣强；文字的设计相对图形来讲能增进对图意的理解和传达，图文须紧密配合，相互交融成为整体。

在图像中，插图比图片的明快度高，视觉度更强烈，印象更深刻。另外，挖版图形无图框的限制，张力大，视觉度高。设计中合理运用图与图之间的关系、图与空间的关系、图与节奏的对比关系，版面即能产生良好的视觉度。

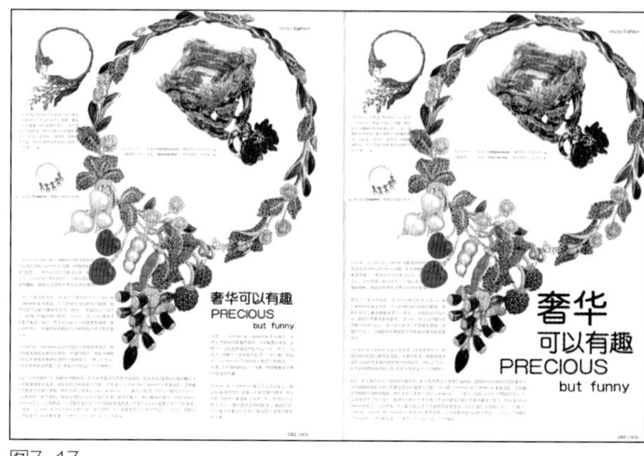

图7-17

图7-18

图7-15

图7-16

图7-19

图7-20

图7-21

图7-15、图7-16 版面的图版率达到50%，甚至更多，文字的字号也很大，视觉度很强。画面生动，便于记忆。
图7-17 左图文字的视觉度低，阅读的兴趣和信息传达力减弱。放大标题后，信息传达力与亲和力增强。
图7-18 降低版面的图版率，也就降低了版面的视觉度和兴趣度。增加了图版率，版面变得活跃起来。
图7-19、图7-20 将风景图片放大，使宁静的图像传达出更宁静的气氛。
图7-21 大面积的心形图案大小不一地排列在一起，图版率达到70%，产生强烈的视觉度。

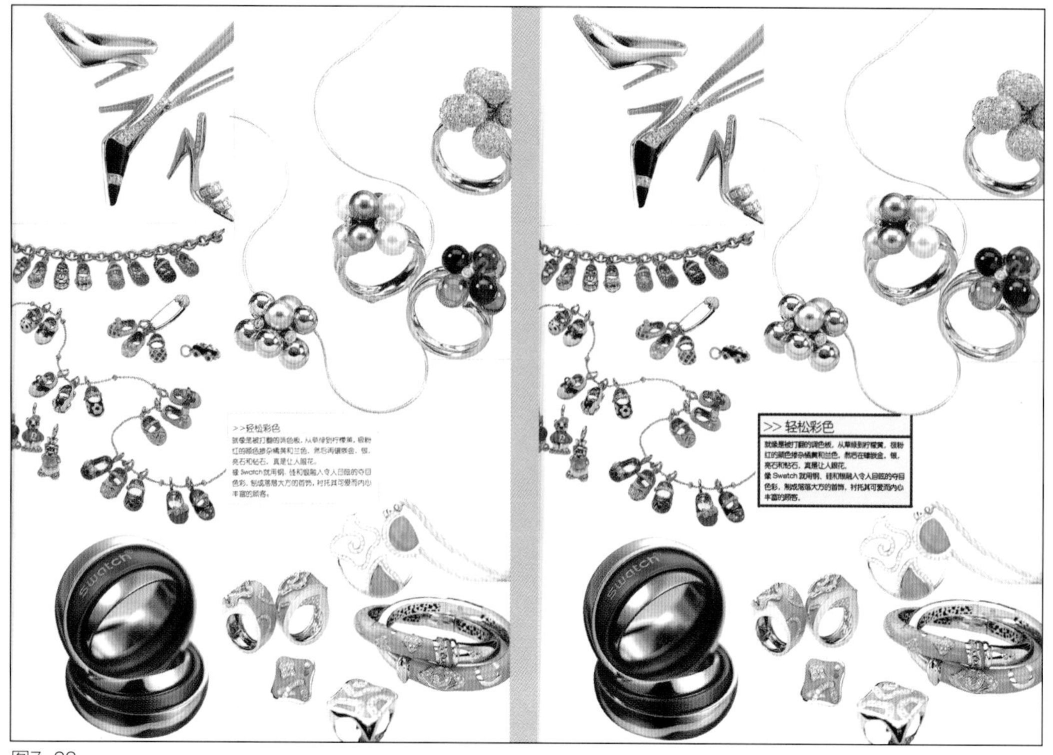

图7-22

四、图形面积与张力

版面中，图形面积的大小不仅能影响版面的视觉效果，而且直接影响情感的传达。

1. 图形产生量感和张力

版面中图形产生的“量感”是指一种心理的量感。当图形或图片一般放大到50%以上版面即产生一种饱满的心理量感，图形占有的版面率越高所产生的扩张力度就越强。相反，图形面积低于50%的版面率则难以产生心理的量感和张力。因此如果想要表达出强烈冲击力的版面效果，图形的版面率一般要高于60%或70%，图片甚至采用出血的方式来表现，版面即产生出强烈的心理量感与张力。

2. 小图形精密而沉静

将小图形插入字群中，显得简洁而精致，有点缀和呼应版面的作用。但同时也给人拘谨、静止、趣味弱的感觉。

3. 大小图形搭配，增强对比度

版面如果只有相似的大图或完全是相似的小图，版面会显得平淡。只有大图和小图同时存在，增强对比度，版面才有张力与活力。

图7-22 左页面饰品的完美表现影响了线框内的文字传达，改动后，右页面的色块增强了文字的整体性，提高了信息传达的力度。

图7-23 以出血手法编排的图像注重强烈情感的渲染。右页小图有相对静止感和宁静气息。展开页常以一大一小、一动一静来建立左右页的整体关系。（设计：陈幼坚）

图7-24 放大的图案在画面中表现出很大的张力。（设计：陈幼坚）

图7-25 人物的表情、动作迅速地传达出画面的内涵，有生动、亲近的感觉。（佐敦品牌广告）

图7-26 人物的局部和整体的关系产生空间感。（佐敦品牌广告）

图7-23

图7-24

图7-25

图7-26

图7-27

图7-27 大图形与小图形的传达力度比较。（设计：陈幼坚）
图7-28 多幅图片被水平、垂直线规律地等量划分，获得理性与秩序的美。图片缩小变得平淡安静，“50”成为最高的视觉度。（设计：Kristin Konniarek）

图7-28

五、手册的整体设计

1．左右页的整体设计

在排版设计中，除了单页就能完成的版面信息外，我们也常碰到像折页、产品手册等这类图文信息须展开或延续页面才能完成的设计，我们称之为延续页面设计。学生在设计之初，常常是只顾及本页的设计，设计完左页再设计右页，再考虑下一页的设计。这样设计的结果必然忽略了设计的整体性，即使每一页设计得都很好，也很难求得整体。其实，展开的左右页是属于同一视线下的整体页面，因此应整体布局。建立展开页的整体设计手法很多，可以从以下几个方面来把握：

展开页的整体设计建立在形象的对比关系上。左右页常以一大一小、一多一少、一动一静、一黑一白、一曲一直，局部与整体对比构成，在对比中建立和谐的整体关系。

图7-29 左页的大图像与右页具有规律组织的小图像形成对比，达到视觉心理的平衡和谐。如果左右页均为小图，版面会显得平均，阅读的兴趣会减弱。

图7-29

图7-30

图7-30 手册采用一组灰蓝色调的近似色彩作延伸设计，近似色块在每个页面的重复应用，使手册在色彩视觉上达到了统一。另外页面简洁的色块分割，版面强、弱、空、满的节奏设计，显示出设计的品质和设计的技巧。（选自《大生意：全球最佳品牌版式设计年鉴》）

图7-31 极完美的黑白对比版式，以强对比手法来求取理性的美、简洁的美。（设计：Carmen Dunjko，Jennifer Coghill）

图7-32 折页注重设计的整体节奏感。

图7-33 色彩作为连接页面关系的元素重复出现，使多个页面统一、整体。

图7-31

2. 延续页面的整体设计

除左右页面的整体考虑外，还有整个折页，整本手册的页与页之间、页与整体之间的节奏关系、对比关系，以及整本册子风格等都得进行整体设计把握。在页与页之间、页与整体之间，如图片比例均大小相似，整体结构无强弱节奏的变化关系，设计就会显得平淡，很难给人留下深刻印象。延续页面的整体设计的掌握对于刚接触设计的学生来说有一定难度，容易出现问题。

3. 延续页面色调的整体设计

色调对延续页面的整体设计非常重要。色调可决定设计作品的品质，也可以说设计品质的优劣，色彩占了很大的因素。色彩是给人感知的，在未接触到物品之前就先感觉到了物品的品质，是优是劣，是喜欢还是不喜欢，色彩都起了很大的作用。另外，色彩运用过多，则色调难以把握，鲜艳而不协调的色调会显得品位低。

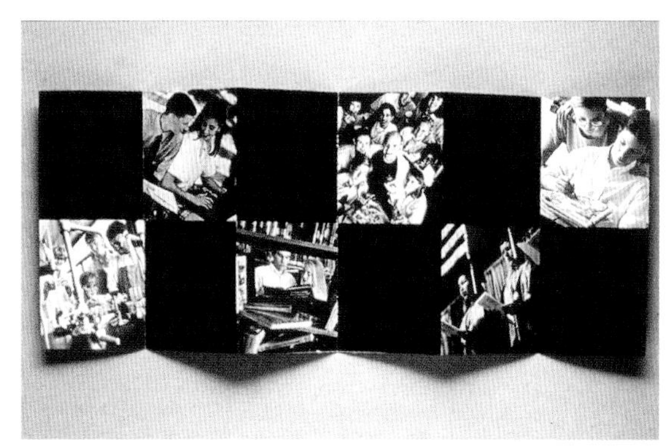

图7-32

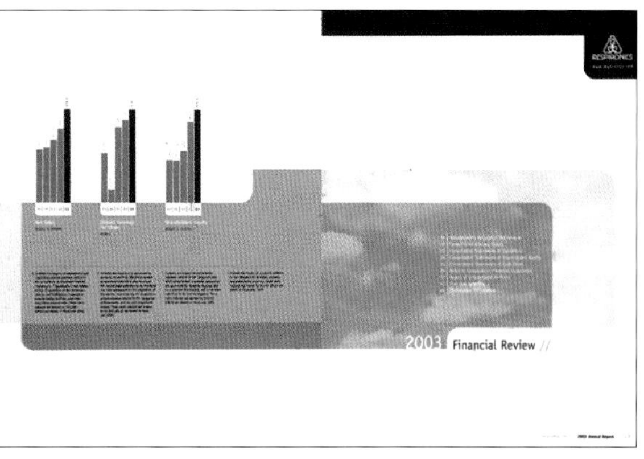

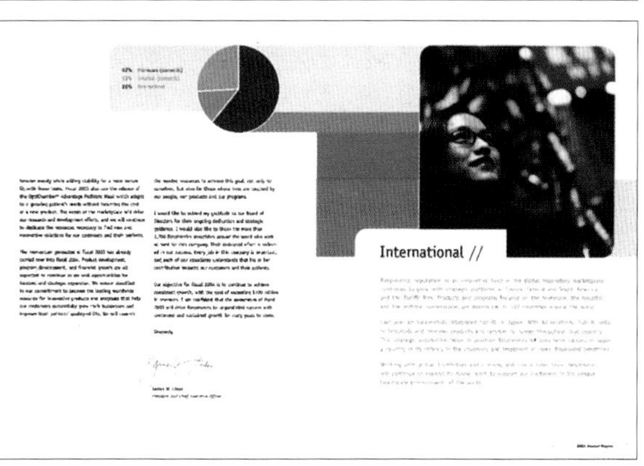

图7-33

图7-34

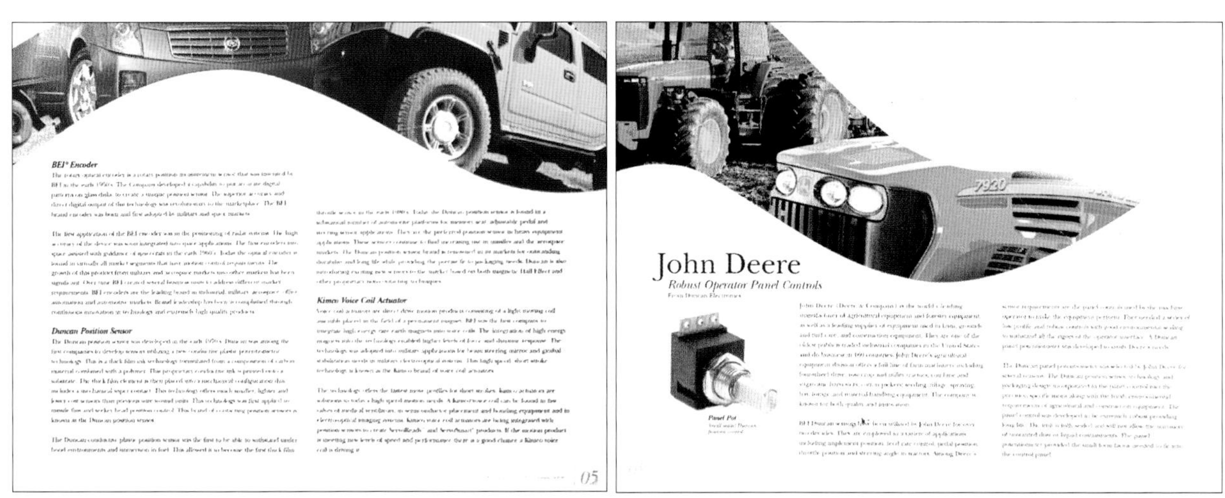

图7-35　　图7-36

图7-37

图7-34 封面和内页。三个版面均被两枝花串联起来，有启承和呼应感，画面空间得以延续。（设计：Ute Behrendt）
图7-35、图7-36 波浪形态的图形设计从左跨到右页，整体设计的页面显得简洁大气。
图7-37 杂志左右整体设计使版面生动有趣地展示故事情节。

'We'll cross that bridge when we come
) it" is one way to cope with falling rates.
But what if there is no bridge?

Rising interest rates have long been a leading economic concern. However, lest we forget, what goes up must come down. And considering w tumbling rates can affect your investment return, it would seem wise to protect against this economic eventuality as well.

At Continental Bank, we specialize in just that kind of financial proactivity. Now don't misunderstand, we're not claiming to possess some kind of psychic ability to predict rates. But while we may not be clairvoyant, we *can* help you control your exposure to risk, regardless of whether rates rise or fall.

We call it financial risk management. And while it involves the use of me rather sophisticated financial instruments, in actuality, it's as fundamental as oking both ways before you cross the street.

In its most basic terms, risk management is a means of hedging against fluctuations in the marketplace. Rather than simply react to financial events as they unfold, our people are trained to look ahead, anticipate and prepare. In essence, to build our clients a financial bridge.

The day your portfolio comes in our door, we go through it with a fine-toothed financial comb, assessing the risk level of each individual investment and evaluating the merit of each individual trade.

Then we really go to work.

First, we review historical performance.

And then we put it in perspective, by demonstrating what might have occurred using a more anticipatory approach.

And unlike so many other financial institutions, we bring together over-the-counter and exchange-traded products to implement a strategy that—in addition to emphasizing growth—is engineered to transport you through even the most precipitous interest rate scenarios.

The bottom line is, of all the bankers at all the big banks (and there are a few), no one places as high a priority on financial risk management as the people at Continental. If that sounds like the sort of banker you'd like to do business with, we invite you to call us at (312) 828-3155.

We may not be able to keep rates from falling. But we'll do our darndest to make sure you won't fall along with them.

Continental Bank
A new approach to business.

图7-38

图7-38 形断而意不断的图像插入字群中，以启承关系获取版面的统一性。（设计：Lawler Ballard Design Film）

图7-39 《视觉》内页设计。同一图片在左右页统一的结构线下重复运用，形成强烈的整体感。

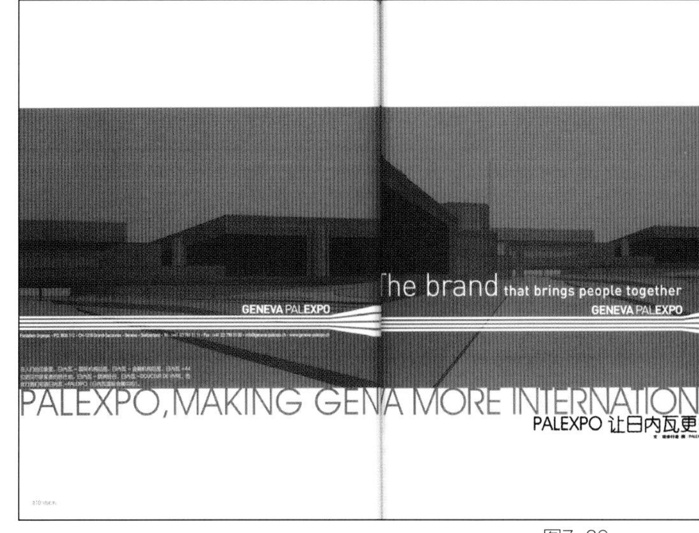

图7-39

图7-40

图7-41

图7-42

图7-40 圆弧形使左右页面形成整体，将婚礼中出现的产品元素（巧克力）串联其中，传达出婚礼的主题。

图7-41、图7-42《东方视觉》内页设计。同一个视觉元素，在前后延续页面中的变化运用。

图7-43

图7-44

图7-43、图7-44 设计不仅要考虑单页面的整体性，还得考虑整册的设计风格和前后的承接关系。（设计：Hepa Design，Matthew Clark）

图7-45 人物的编排成为手册最精彩、最个性的设计。（设计：Brion Furnell）

图7-45

图7-46

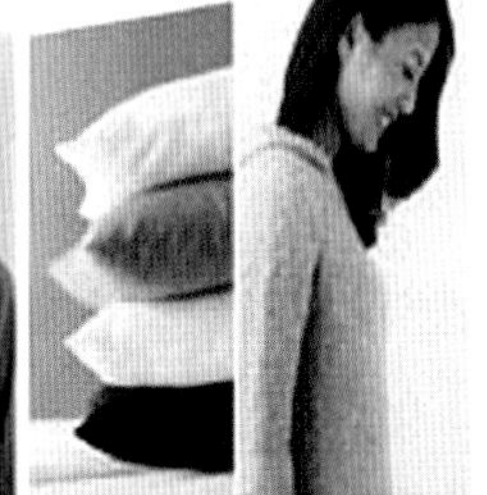

图7-46、图7-47 手册每页的丰富内容都统一在同样的色调与分割形体之中，整体识别性和系统性强。
图7-48 版面将左右页通过创意画面连接在一起。（设计：Wired Magazine）

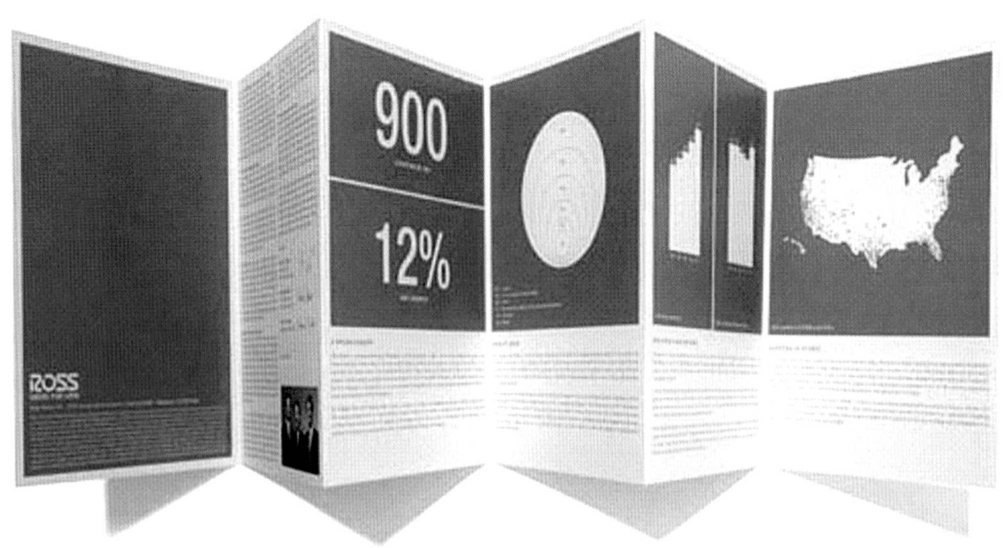

图7-47

图7-48

教学目标与要求

图版的编排设计构成在版式设计中占据十分重要的位置，本章的教学目标是强化图版编排构成的理论认识，包括：图版率，角版、挖版、出血版，视觉度，图形面积与张力，延续页面的整体设计。强调设计过程的分析、思考与比较，提高学生的自觉认识能力。

教学过程中应把握的重点

1.优秀的版面设计都具有良好的视觉度，视觉度是对版面设计甚至版面设计中各设计元素的注目度及兴趣度的衡量。

2.把握图版面积的情感和张力的传达。

3.把握图版设计的整体性，注重图版节奏与对比的关系。

思考题、讨论题

1.什么是版面的视觉度？视觉度的强弱对版面产生怎样的影响？

2.什么是图版率？图版率的高低对版面产生什么样的影响？

3.在版面运用中，退底图形与方形图各自的特点是什么？如何运用才能发挥最佳效果？

4.如何理解图片在版面中的张力或量感，以及其与冲击力之间的关系？版面中能产生冲击力的图形，一般占据版面的面积比率是多少？

5.图片面积的大小在版面中会产生什么不同的影响？

6.当你在进行版面设计时，面对文字和图片你首先如何进行思考？

第八章 版式色彩设计

在版面设计中，色彩的应用是每一个版面必须面对的问题，在设计中起着重要的作用。学生在版式作业训练中常常只注重编排而忽略色彩，使一些好的编排因色彩关系不当、不和谐而影响了整个设计的效果。总结色彩设计常出现的问题，主要从以下三方面来加强认识和训练：第一，加强色彩对比，强化版面色彩活力；第二，色彩调和使版面色彩产生和谐完美的色彩调性；第三，整合色彩设计，从理性的角度规划版面色彩，求取简略的色彩关系。其中版面的色彩调和及色彩调性是本章关注的重点。

一、版面的色彩对比

在编排设计中，时常遇到图像照片不太理想、色相冷暖不统一、色调强弱不一致的情况，会造成画面色调不够明确。若提高色彩明度，增强色彩对比性，则能提高版面跳跃度和增强读者的阅读兴趣。一组好的色彩对比关系给人愉快、兴奋、活力，具有瞩目度高与良好的传播力的作用。

版面的色彩对比包括：色相对比、明度对比、纯度对比、补色对比、冷暖对比，以及加大色彩的面积对比等。

1.色相对比求取版面的鲜明活力

利用各色彩鲜明的色相进行同时对比，色相对比不仅包含色相补色、冷暖的强对比，也包含了色相之间的明度对比关系，因此色彩对比关系非常强烈。在多色相的对比关系中，注意其中以色相为主调，并相应减小其他色相面积，以保持版面的明确整体调性，这点非常重要。

2.利用补色对比强调主要信息

互补色相是色相环上间隔180°左右的色相对比，是最强烈的色相对比，对人视觉具有最强烈的吸引力，它制造色彩矛盾，同时又使人获得视觉心理上的满足。如红与绿、黄与紫、蓝与橙等色组。

3.明度对比求取版面的简洁明快

明度对比版面可以为无色相黑白的对比，也可以添加色块，注意归纳版面无论白与黑面积的整体对比关系。

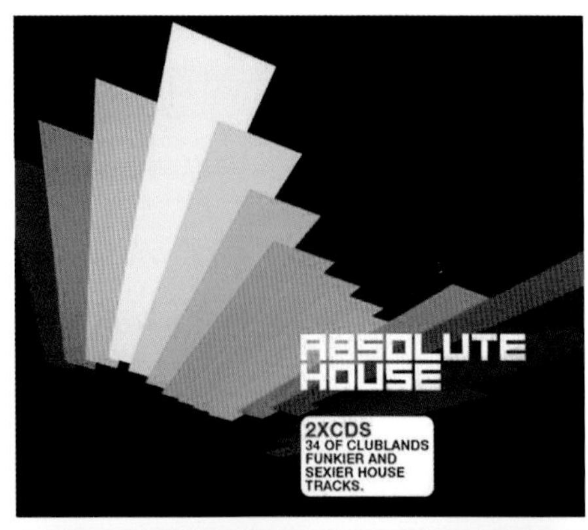

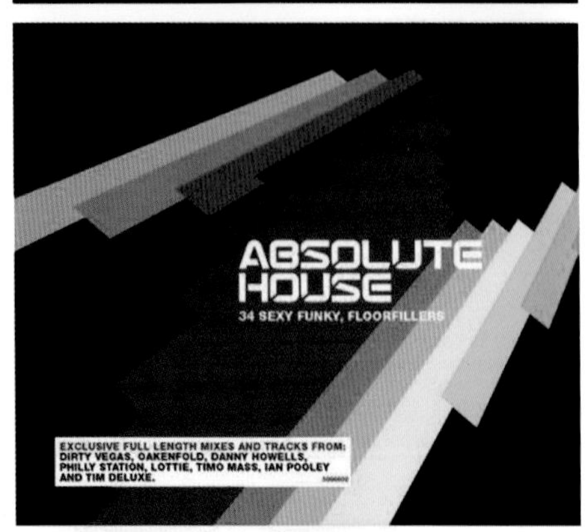

图8-1

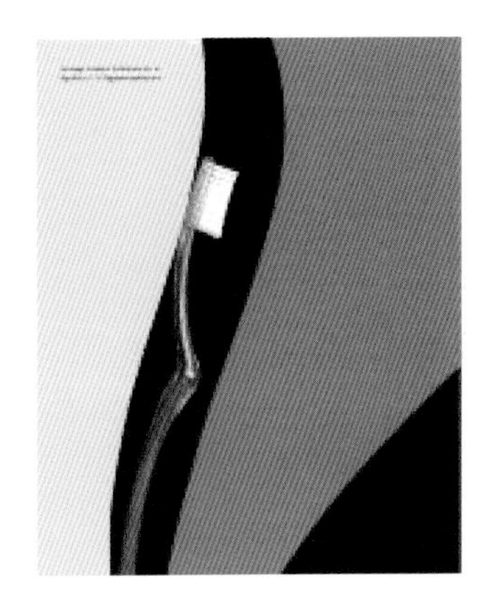

图8-2

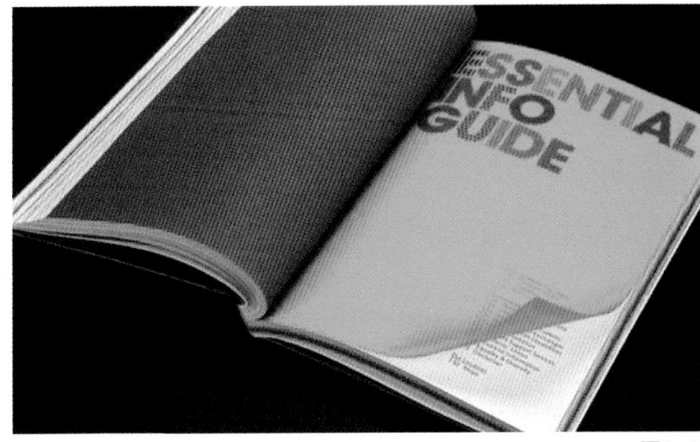

图8-5

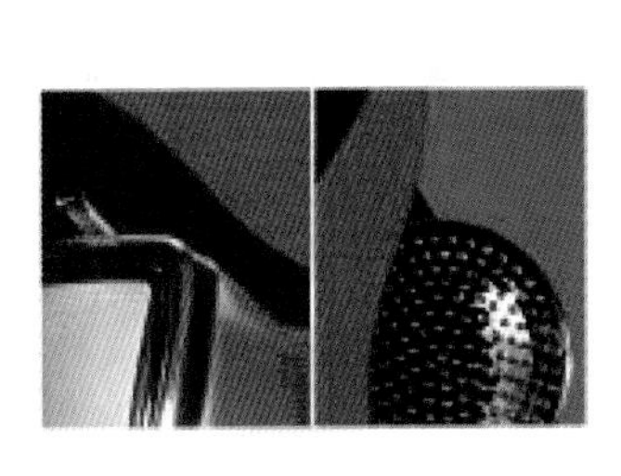

图8-3

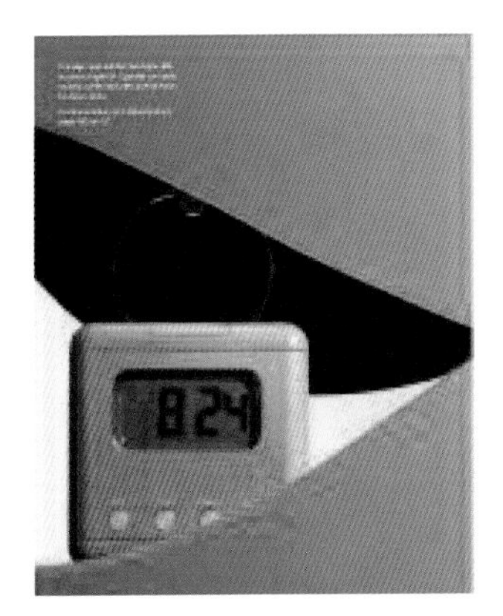

图8-4

图8-6

图8-1 光盘封套设计，设计包容了色环所有的色相，色彩纯度达到高级，在黑底的衬托下显得格外鲜明夺目。丰富的色彩以表达光盘内容的丰富多样性。

图8-2至图8-4 图为系列设计，整个版面被字母和色块分割，色彩包容了如图8-2鲜明的色相对比、图8-3强烈的明度对比、图8-4的冷暖对比与补色对比。其中黑色贯穿了整个设计，起到稳定的作用，风格简洁明快，充满活力。

图8-5 在书籍章节起止的间隔页，特意采用了强烈的补色对比以警示章节起止之意，同时也表达了书籍的时尚风格。

图8-6 以强烈的红蓝补色对比和成角编排打破设计的平衡，以表达创新性。

图8-7 手册设计。以黄色为主调再配置鲜明的紫红、稳重的黑色，风格简约大器，色彩鲜明强烈。

图8-7

UTSTILLINGER
OG
ANDRE PROSJEKT

8

9

I'm off to Oleana to lead a life of pleasure.
A beggar here, a count out there, with riches in full measure.
I'm coming, Oleana, I've left my native doorway.
I've made my choice, I've said good-bye to slavery in Norway

I år er det to hundre år siden fiolinisten, underholderen, visjonæren og den deltids-revolusjonære Ole Bornemann Bull ble født. Feiret over hele verden for sitt spill, var han også en lidenskapelig forretningsmann, var han også en romantisk anlagt idealist med ambisjoner om nasjonsbygging. Og like viktig: Han hadde økonomiske muskler til å realisere det. I 1852 kjøpte han derfor 43

Men Oleana og nabobyene fløt ikke over av melk og honning likevel. I møte med verdens pinsler bukket de snart under. Ved utgangen av 1853 – bare ett år etter investeringen – var landet solgt og de fleste av nybyggerne flyttet. Likefullt, Ole Bulls oppvisning i mot og dristighet kan fremdeles feires. Hans brobygging mellom visjon og handling er ingeniør- og svevekunst vi alle

«noe politikere draperer over sin vilje til makt». En annen engelsk forfatter av stort format ser det imidlertid litt annerledes. Som William Golding skriver: «utopier blir presentert for oss som en kritikk av menneskeheten»

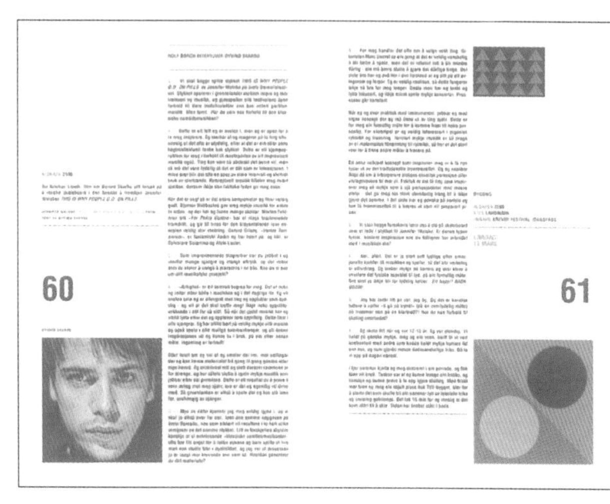

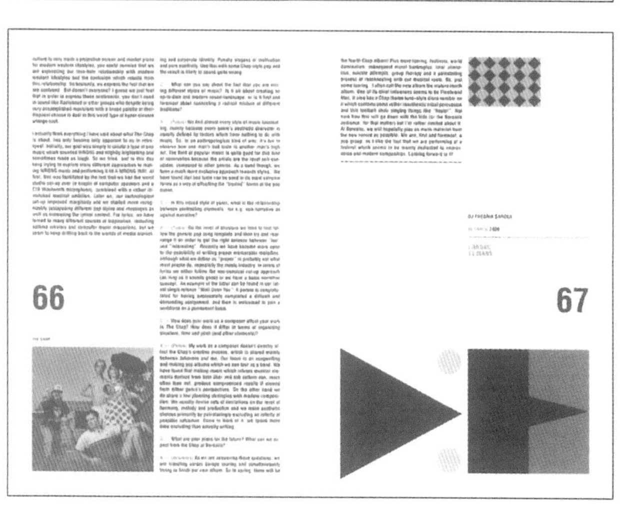

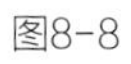

图8-8

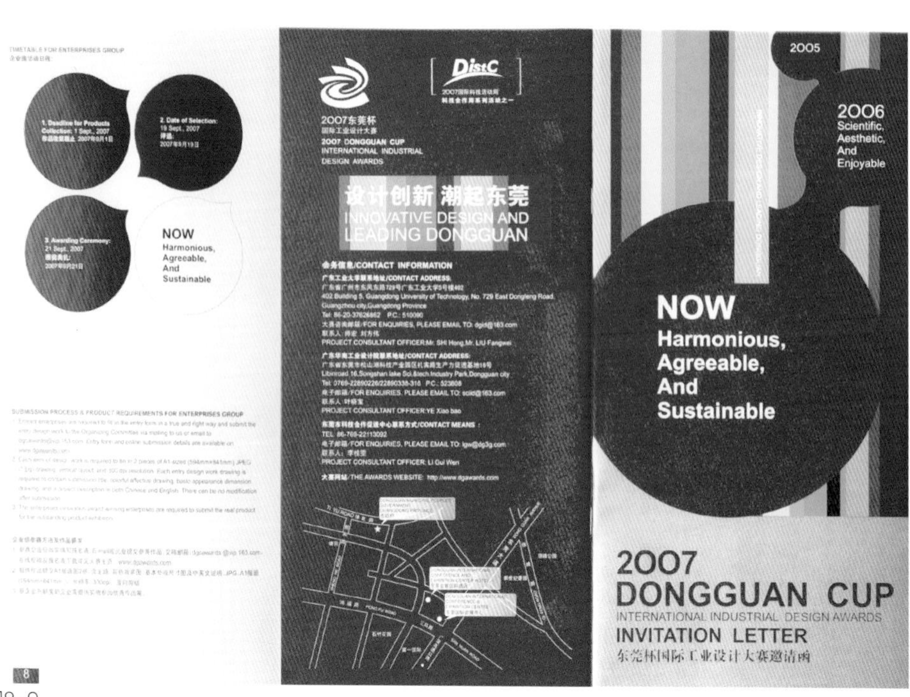

图8-9

图8-10

图8-8 北方音乐节（Borealis Festival）2010—2011年度设计方案。每年音乐节都有不同的主题，通常只用两种颜色，每年都不同，但是有一种颜色从不改变，那就是荧光色。此设计受“欧普艺术”的影响，但更具有迷幻效果。 设计采用一组低纯度的红绿补色以及几何图形来表达，红绿补色因纯度降低而达到和谐。（选自《版式设计：给你灵感的全球最佳版式创意方案》，作者： 王绍强）

图8-9 小册页设计。在大面积的玫瑰红调中配置了少量的冷色（补色）和高明度的亮黄，使红调更明快，蓝色的应用使色调显得更丰富。（设计：何倩琪）

图8-10 黑白+色块的对比，鲜明的黄色引导成为视觉焦点。

图8-11 图形创意：图片的背景色与服装、帽子的黄色达成一致，简化了色彩，达到色彩的统一。

图8-12 明度对比案例，整个图片被处理成低明度的暗红色调，以更好地突出白色文字的信息传达。

图8-11

图8-12

二、版面的色彩调和

1.从同类色中进行的设计延展

从同类色彩关系中获得统一的色彩调性，达到版面色彩和谐之美，更好地体现产品的品质感。最简单的方法，从图像照片中汲取色彩作为版面的基准色调。

2.从近似色彩中进行色彩延展

近似色彩的色差范围不超过90°，在色环中是色彩跨越度如从黄至红、黄至绿、绿至蓝及蓝至紫的色差值。近似色调比同类色差值大，色彩更丰富，同样能达到统一的色调。

图8-13 版面中奶黄色的色圈与蛋糕和咖啡为近似色，奶黄色不断地重复使用使画面的色调更明确，色调和谐使人有良好的食欲。

图8-14 版面的色彩丰富，版面色彩的调和采用降低色彩明度的方法使画面达到和谐。

图8-15 此版为近似色调，因色调的统一增强设计的艺术感染力。

图8-16、图8-17 两个版面设计均为统一手法，从左边的图片中汲取邻近色作为右边的色块，使左右页面色调达到和谐。

图8-13

图8-14

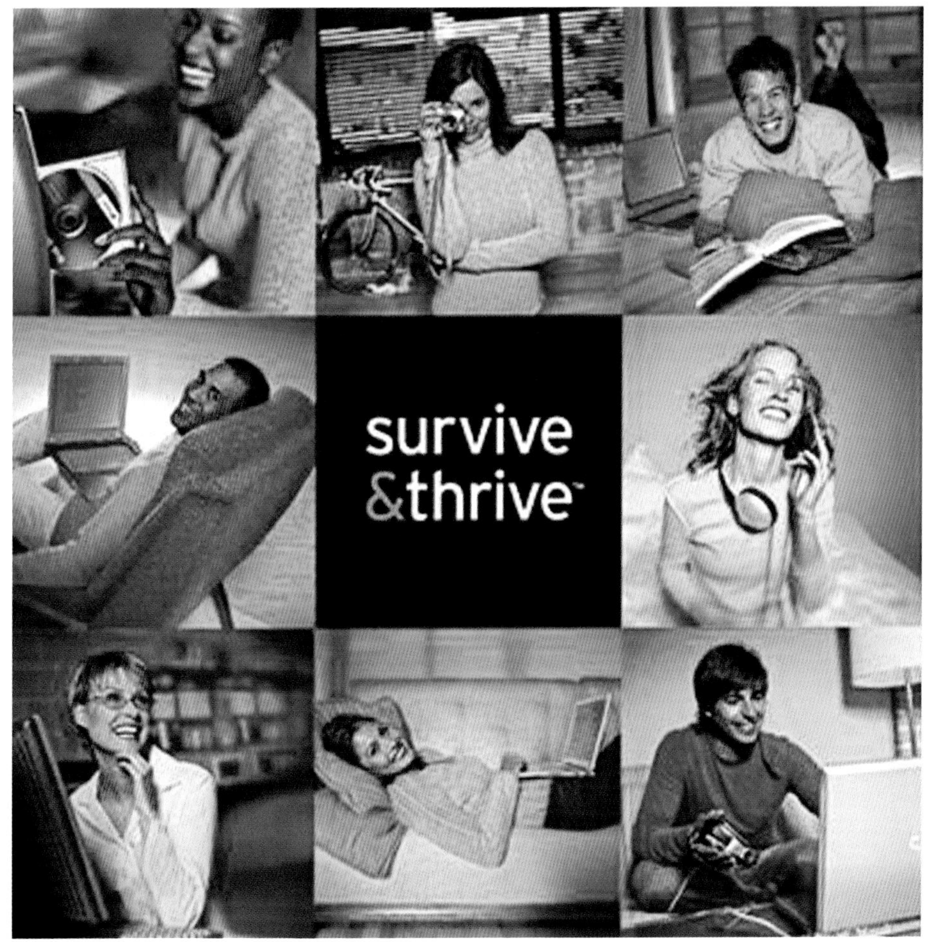

图8-15

图8-16

图8-17

图8-18

图8-19

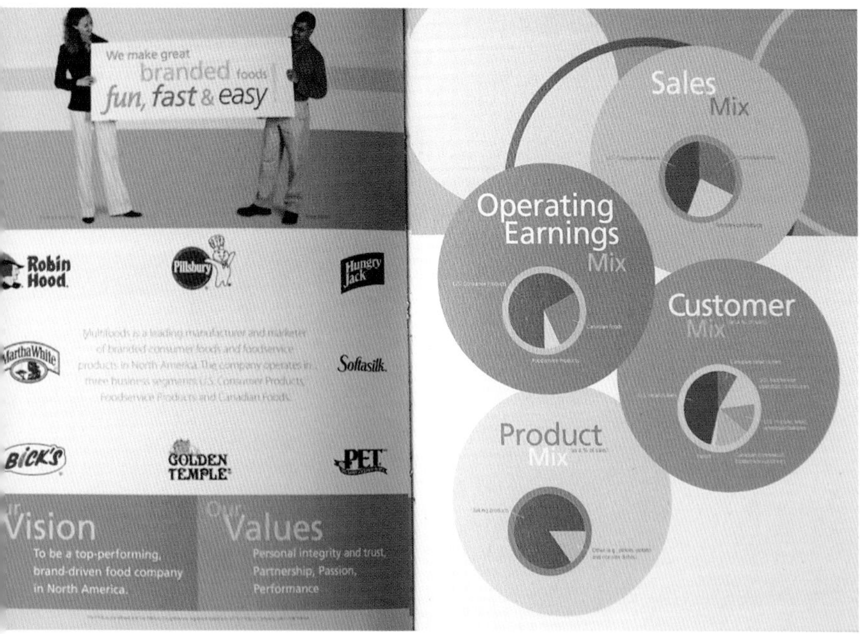

图8-20

图8-18 在中明度的玫瑰色调中，小面积的粉蓝色块与主色调形成鲜明的对比，配置很完美，增添了画面色彩的对比性和丰富性。

图8-19 低纯度与低明度的色差值，令画面色调柔和宁静。

图8-20 左右版面色彩均采用蓝绿灰调的近似色系进行色彩配置，使左右整体色调明确、统一、雅致。

图8-21、图8-22 两个版面设计手法统一，从左图片中汲取邻近色作为右版的色块，使左右页面色调达到高度的和谐。

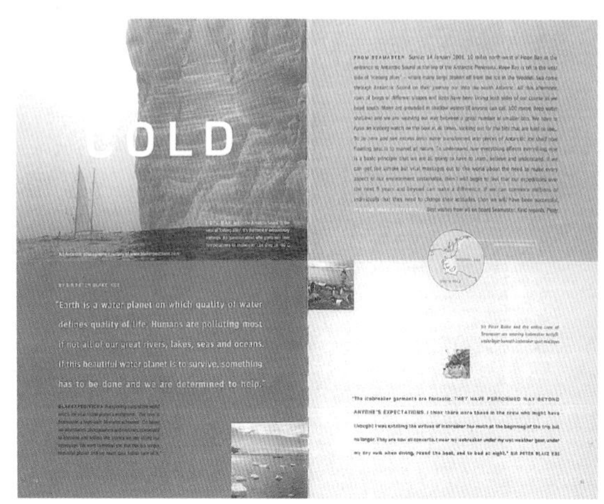

图8-21

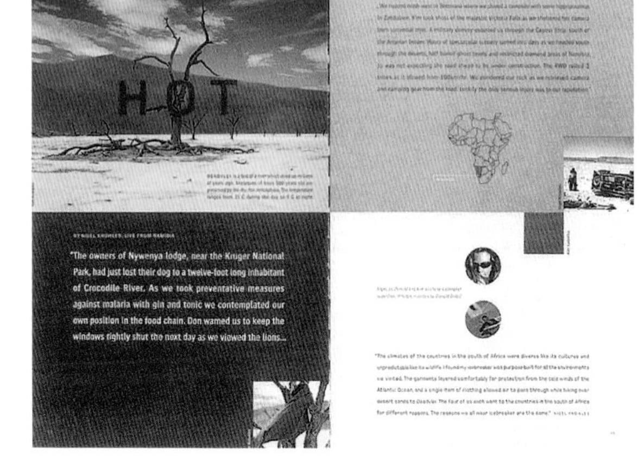

三、整合色彩设计

整合色彩设计是指抛弃照片固有色彩的影响（如人物的肤色、服装、天空等），更加理性地去归纳整合色彩，使版面色彩更加简略，甚至仅为两种色。整合色彩设计常表现为色相的同时对比、净色与鲜明色彩的对比、低明度与高明度的对比、补色的对比，或几种色彩关系同时对比等。但应用更多的是“黑白的单色调与鲜明色彩的对比”，如黑与黄、黑与橙、黑与淡绿等。这种个性的设计手法，常通过手册页面的系列设计才能表现出设计的整体性。

图8-23至图8-26 画面色彩简略至两套色，系列设计以45°倾斜的色块统一设计成为主调风格。文本信息根据色块的方向和空间编辑信息。四幅设计完全抛弃图像的固有色彩而大胆用色。此设计高度理性，个性鲜明。

图8-23

图8- 24

图8-25

图8-26

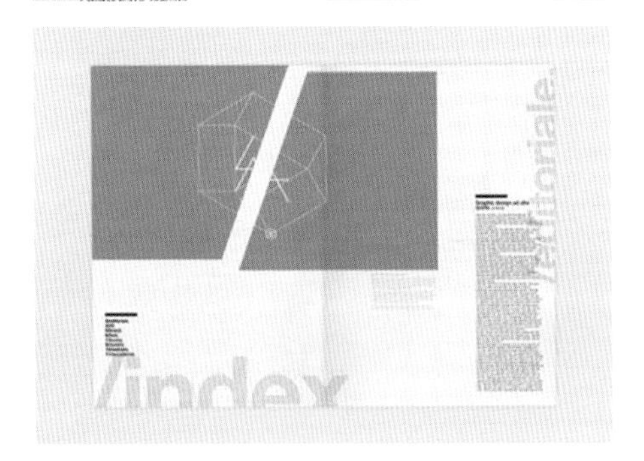

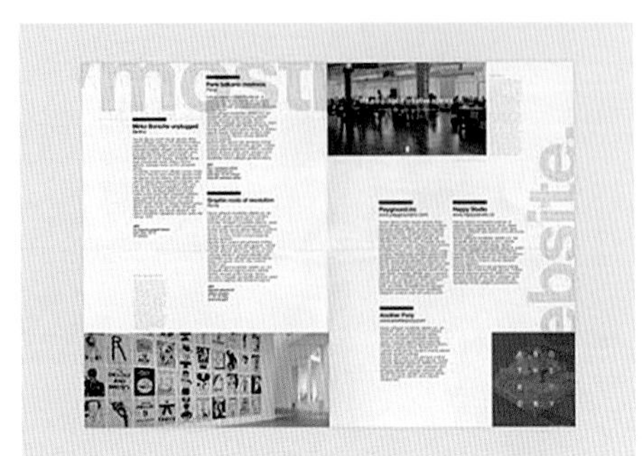

图8-27

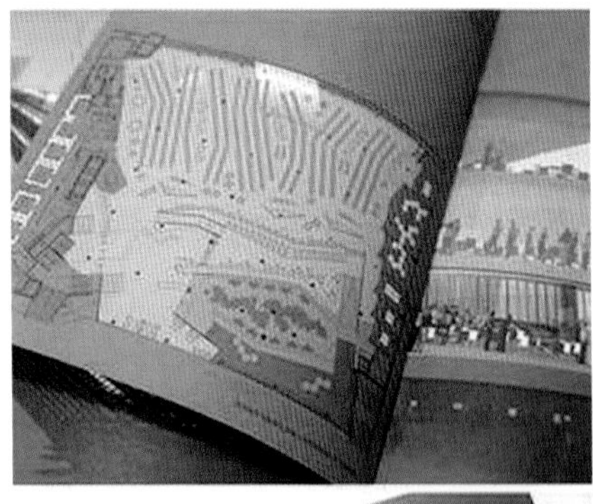

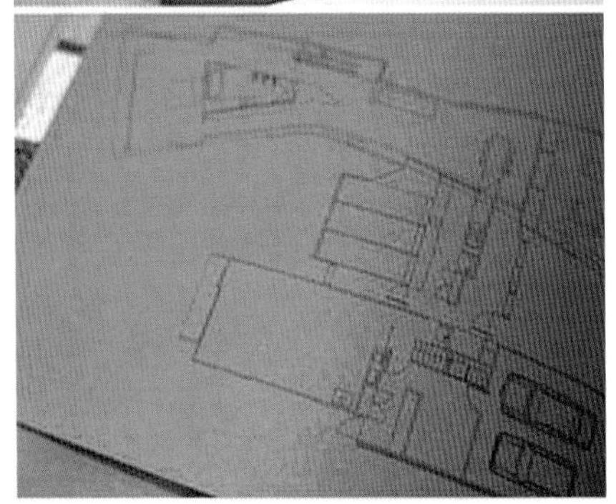

图8-28

图8-27 从系列页面设计中表达出灰色与黄色相互的对比、互补与融合。
图8-28 以建筑为主题的小册子设计。册子中建筑摄影照片整个采用灰调，再配以唯一鲜明的橙色块作为对比，从简略的设计风格中体现了手册的档次。
图8-29 图为Nous陶瓷产品目录与海报设计。整个色彩设计被归纳为一对补色“红与绿”，版面以自由的散点构成。（选自《版式设计：给你灵感的全球最佳版式创意方案》，作者：王绍强）

图8-29

教学目标与要求

在版式设计教学中，色彩虽然不是编排的重点，但在设计中起着重要的作用，色彩的设计可成就一个优秀的版面，同时也可毁掉一个作品，因此学生认识和掌握色彩的知识能对版面编排起到良好的促进作用。通过作业的训练，懂得如何运用色彩对比和色彩调和的方法来解决色彩设计的问题，提高对色彩的认识和把握能力。

教学过程中应把握的重点

色彩调和的基本知识以及调和的方法是掌握的重点及难点。整合色彩设计看似简单，但有难度。

思考题、讨论题

1.在色彩的对比关系中，如何利用色彩对比，同时又使版面具有色彩调性?

2.掌握色彩调和的基本知识以及色彩调和的方法，包括近似调和、同一调和、面积调和、低纯度调和等方法。

3.整合设计的思维方法是一种极端理性的设计手法，需要设计师具有高度的整合思维的能力，才能最终达到设计简略、设计感强、艺术性高的效果。除以上图例的方法外还有其他哪些方法?

第九章 现代版式的设计观念

后现代主义艺术的“文化气候”从20世纪60年代一直延续并影响当代的文化艺术。我们可从今天的艺术作品中看到后现代主义的设计观念：重装饰形式，重符号“语义”，注重创意，在注重文化传承的同时，更追求设计主体精神的表现。所以平面设计的风格更加人性化、个性化和娱乐化，图或文字、点或线的构成关系都充满着随机无序，无主次、无中心，相互矛盾，相互排斥，极端而耗散的编排。尤其在电脑的辅助下，许多复杂的图形处理、文字的分解叠合、多维空间的视觉效果都变得更容易表达，层次更加丰富或更加杂乱无序。但这种带给我们更轻松、自由、活力的人性化设计风格，也被看作时尚前卫的标志。今天的商业社会以年轻人主导消费市场，这种自由、活力、个性化的风格表现仍将主导平面设计并将得以持续发展，同时也符合目前潜在的市场需要。

一、强调创意

任何一个时期的设计艺术都强调设计的思想性、创意性。创意是设计的灵魂，没有创意的设计是空洞平淡的。平面设计中的创意表现分为两种：一是针对思想主题的象征、明喻、暗喻等思想创意；二是版面编排的设计创意。主题思想的设计创意与编排技巧的结合，使创意思想得到更大的发挥，版面得到更佳的表现，具有生动性、趣味性，更注重情感性，已经成为编排设计的发展趋势。

在编排创意中，文字的创意编排表达是不可忽视的。文字的编排具有极强的情感表现力，当然与设计师的编排技巧有关。“以情动人”是艺术创作的手法，也是编排的手法，文字的悦目动人要靠编排的技巧来体现，文字的“轻重缓急”本身就体现了一种情感的表达，或轻松，或凝重，或舒缓，或激昂，而各自配合的组织关系则产生不同的强弱节奏和韵律。这些技巧无疑是编排创意表达的“营养”，如何运用与把握，需要设计同仁不断努力追求和探索。

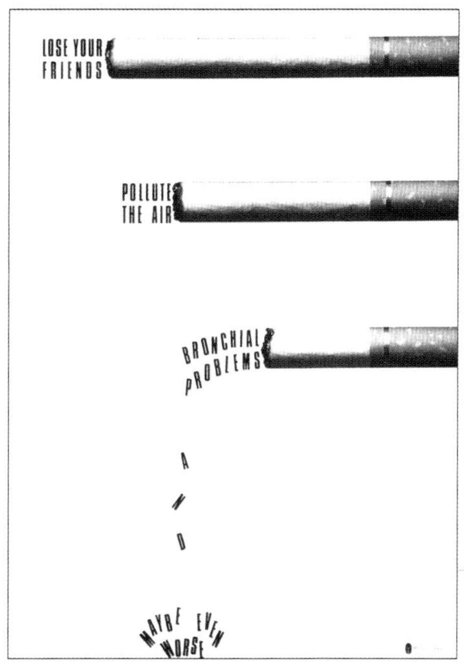

图9-1

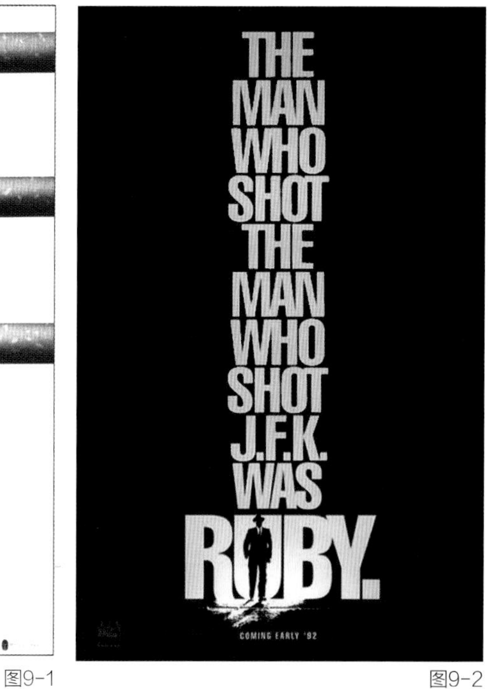

图9-2

图9-1 新加坡禁烟广告。广告语为：“失去你的朋友，污染空气，支气管病症，也许，甚至更糟。”广告以文字的妙趣编排组合，生动直观地传达了吸烟将会“更糟”的信息。
图9-2 创意海报设计。
图9-3 学生习作。文字的编排给图形增添了无限生机。（设计：杜武）
图9-4 文字编排的趣味传达，本身就体现了编排与创意的整体思想。（设计：Lanny Sommese）
图9-5 杂志展开页。国泰航空公司为开辟中国市场而做的广告。画面中一只充满女性柔美的手，似乎将你带到一切都如谜一般的东方。文字舒缓的节奏，充满了异域风情与神秘的色彩，同时引出了版面的话外音。这正是版面情景交融的体现。（设计：Andraw Koura）

图9-3

图9-5

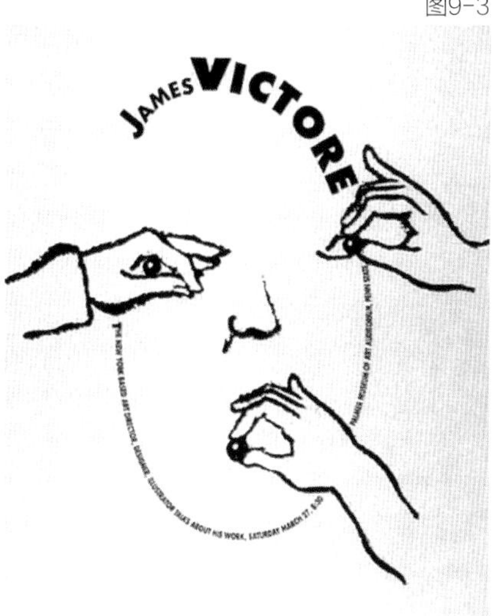

图9-4

图9-6 Norwegian旅游公司新开辟的旅游航线广告。沐浴在阳光中的女性，健美的身体给人诱惑并产生对大自然的向往。文字如诗一般的编排形式和版面大量使用黑色，更使旅游专线充满神秘感。（设计：Steve Lucker）

图9-7 文字的混乱编排，以传达“迟到的理由”。编排本身就是一种创意表现。

图9-8 Firstar银行呼吁学生为日益高涨的教育经费而储蓄的招贴。创意借编排的手段来体现。

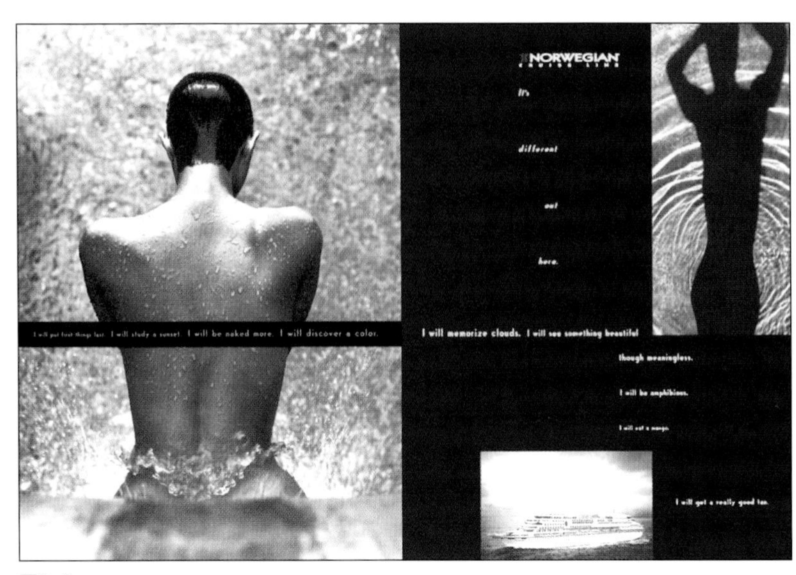

图9-6

图9-7

HAVE YOU LOOKED AT THE
'RICE OF A COLLEGE EDUCATIO
LATELY? HELLO? HELLO??

Get out the smelling salts. People who study these things predict that ten years from now a four-year college education could cost anywhere from $70,000 to upwards of $200,000. That means college costs are growing at a rate that far exceeds inflation or typical cost-of-living increases. But what's even more amazing is that few families today have really made any serious plans to prepare for it. That's because financial or investment planning is usually one of those things that sort of slips to the bottom of the to do list as car repairs, home improvements, family vacations and new school clothes take the inside lane in the race for an already-stretched paycheck. Besides it seems so far away. That's why we suggest you put calling Firstar Bank right at the top of that list. We'll be happy to schedule an ap pointment for you to meet with one of our Investment Specialists. These are people who spend 100% of their time helping oth ers plan their financial futures. Futures that may include college costs for your children, retirement for you, a new home, or any num ber of other financial goals. They will provide you with objective well-thought-out advice about annuities, bonds, mutual funds and more. And they'll provide it in a pressure-free environment because they don't work on commission and aren't scrambling to meet this month's sales quota. Simply put, they're here to listen carefully, ask smart questions address your concerns and help take a lot of the confusion and complexity out of what can appear to be a rather overwhelming undertaking. There's no obligation on your part whatsoever, so call Firstar at 784-1818 and make an appointment with an Investment Specialist today. Don't let another week go by without taking some serious steps toward a secure financial future. For you and your kids. Because if the spiraling costs of an education can make you go weak in the knees, wait 'til you hear what a pair of tennis shoes will cos

FIRSTAR
BANK

图9-8

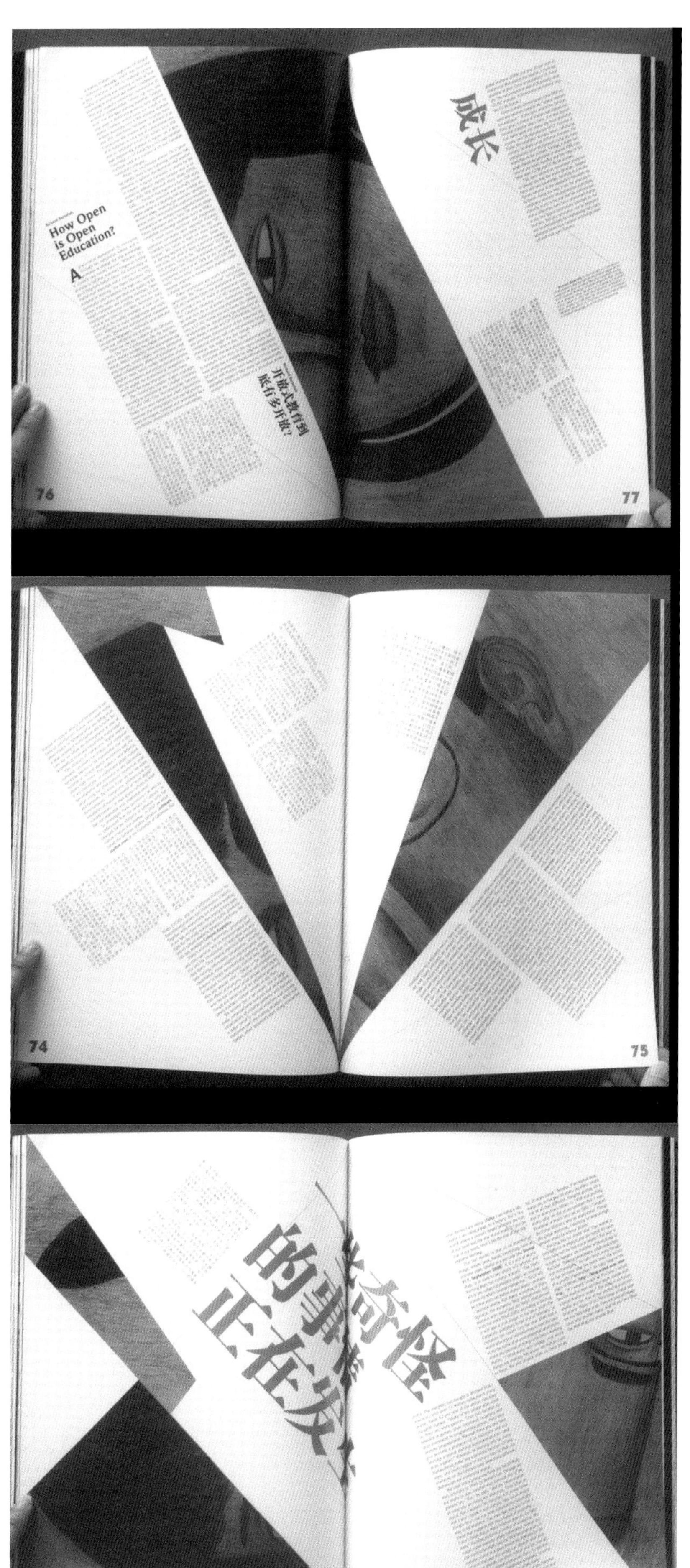

图9-9

图9-9 利用交叉线为杂志读者带来视觉互动，设计感强烈。（《Domus》杂志第923期，插画设计：托拜尔斯·卡拉菲兹克，平面设计：尼古拉斯·布尔坎，蒂博·蒂索，麦克·哈马赫尔，芭芭拉·霍夫曼）

二、强调个性风格表现

创意有两个概念：一是作品本身思想内容的创意；二是设计编排的创意。后者正是本书努力探讨研究的。编排的创意是指设计过程中的一种设计思想，如何将创意思想通过一种最佳的形式和风格来表达，是设计编排的职能，也就是说编排设计所探讨的是设计的思想性与风格表现的问题。设计并不都具有风格，毫无思想、平淡的设计只能是元素堆砌，只有时刻关注设计艺术的发展变化和注重自我的个性表达，才能被称为与众不同的个性化设计。

当代的平面设计，虽然在现代主义和国际主义艺术之后也出现过众多的风格流派，但每次流派出现都没有背弃现代主义和国际主义的思想精神及表现形式。现代主义和国际主义的艺术运动对整个20世纪的设计艺术的影响是巨大的，到20世纪90年代，欧洲和美国的一些平面设计作品，受立体主义、达达主义的风格的影响依然明显，在思想观念上仍然主张自由个性，表现形式也以字体的散构叠合、编排的视觉混乱、空间的矛盾为主导。

图9-10 商业网站。版面所有图片被三角形切割，设计形式语言明确统一，形成自己独特的风格个性。
图9-11 澳大利亚布莱克梅奇饭店组织的“星期六狂欢节”招贴。版面以文字为诉求，大小标题、内文随意结构并作空间多向化编排。文字用松散的流程引导视觉秩序和视线的导读。（设计：Andrew Horner）

图9-10

图9-11

图9-13

图9-12 画面的内涵就如放大的字体一样溢满了整个画面。（设计：Kambiz Shafei）
图9-13 线的存在为画面增添了生命力和趣味。

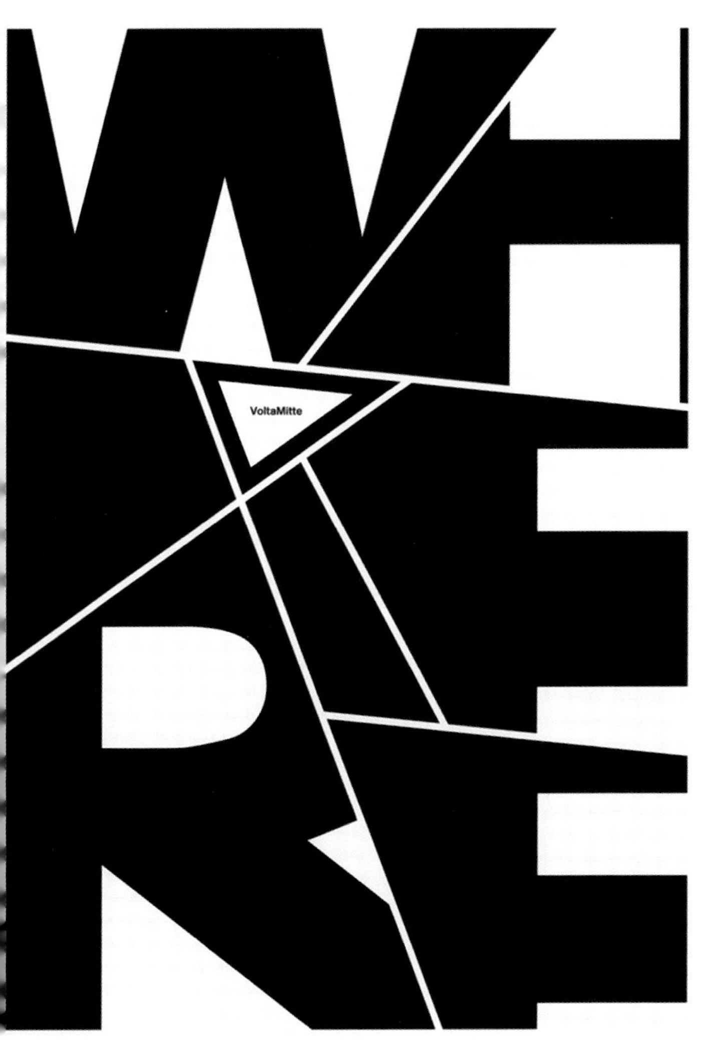

图9-12

图9-14

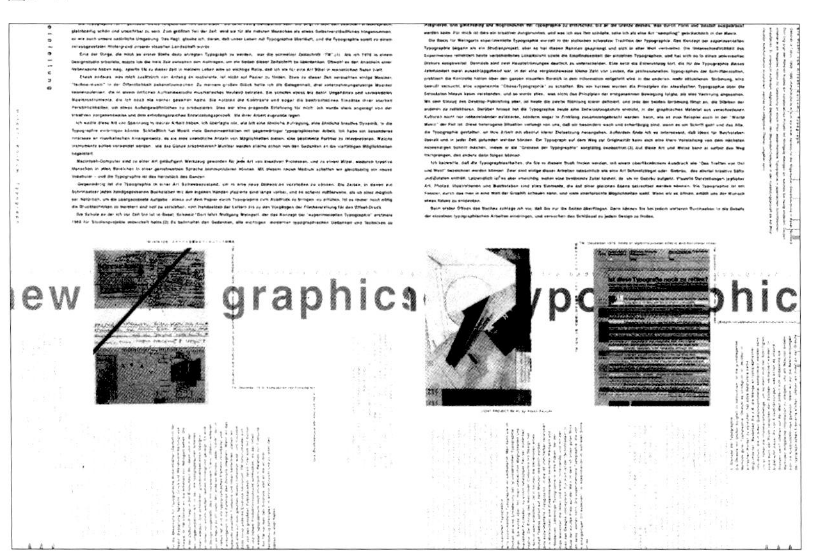

图9-15

图9-16

图9-17

图9-14 New Typo Graphics画册简介页面。文字编排有意做多种方向排列来制造视觉秩序的矛盾，给阅读带来不便。当我们面对如此复杂的版面时，头、手、眼、身体都必做相应的左右旋转运动，这正是设计师所追求的乐趣。

图9-15 杂志展开页。独特的版式、风趣的导线、怪诞无理的文字内容以及不等量的文字分割，正是设计师为突出个性故意制造的悬念和神秘感。

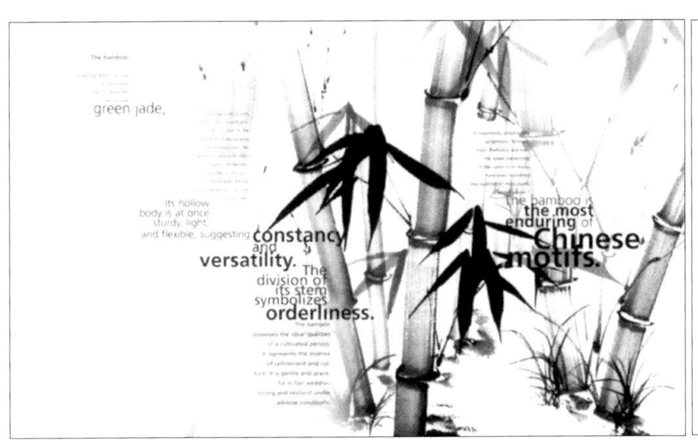

图9-18

图9-19

图9-16 此版面以自杀社会学为主题，版面独具匠心地颠倒图片，大标题、副题、引题垂直与倾斜使用，组合形成不安定的堕落感，且对中间留白产生动感切割。（设计：周一萍）

图9-17 此版面为文章版，是由描写杭州街头市景的五篇散文和五幅插画构成，版式上大胆采用不规则行文与插图的巧妙组织，形成宛若西湖水波、杭州丝绸般温润柔滑的江南小调之情。（设计：周一萍）

图9-18 体现在版面构成结构上的“散”和信息内容传达上的多元性的自由风格，甚至也难感觉到设计所带来的美感，但这正反映着今天西方的审美习惯文化与设计风格，不能以我们的审美习惯和条理规则的思维来评定，这就是文化差异的反映。（设计：Disenar Con Y Sin Reticula）

图9-19、图9-20 这是当代平面设计流行的表现风格。版面的设计元素是多元的，构成是独立的、冷漠的、拼合的，因此构成的空间是无序的、矛盾杂乱的、多种层次的复合空间。

三、多维空间的复合构成

平面设计是在二维平面上的空间设计，三维空间是指立体的空间，多维空间在此表达为：在二维平面空间上表现立体的、矛盾的、虚幻的复合空间。我们习惯的平面视觉空间只有一个或两个透视焦点，版面的图形也是简洁单纯的。当产生多个透视焦点，甚至出现矛盾空间的视觉或若隐若现的幻觉时，即造成视觉空间的混乱、排斥、矛盾的不适应，以及版面成为无主次、无中心、多层次、多元素的复合空间。设计表达的思想已不是单纯的概念和从单一角度来看待世界，所以表象是混杂的。

按照我们传统的逻辑观念，这是违背视觉秩序的原则，是难以被东方文化所接受的。中国几千年的传统艺术文化，在20世纪末期受到巨大的冲击和挑战，但这是国际社会、中西文化日益融合发展的必然。在短短的十几年间我们经历了从惊讶、排斥、尝试到大胆的体验过程。在提供的图例中我们能高兴地看到，有部分是国内设计师的作品，他们力图表达丰富的多维空间，表现设计的个性，表达与前卫的平面设计的一种互动与交流。

图9-20

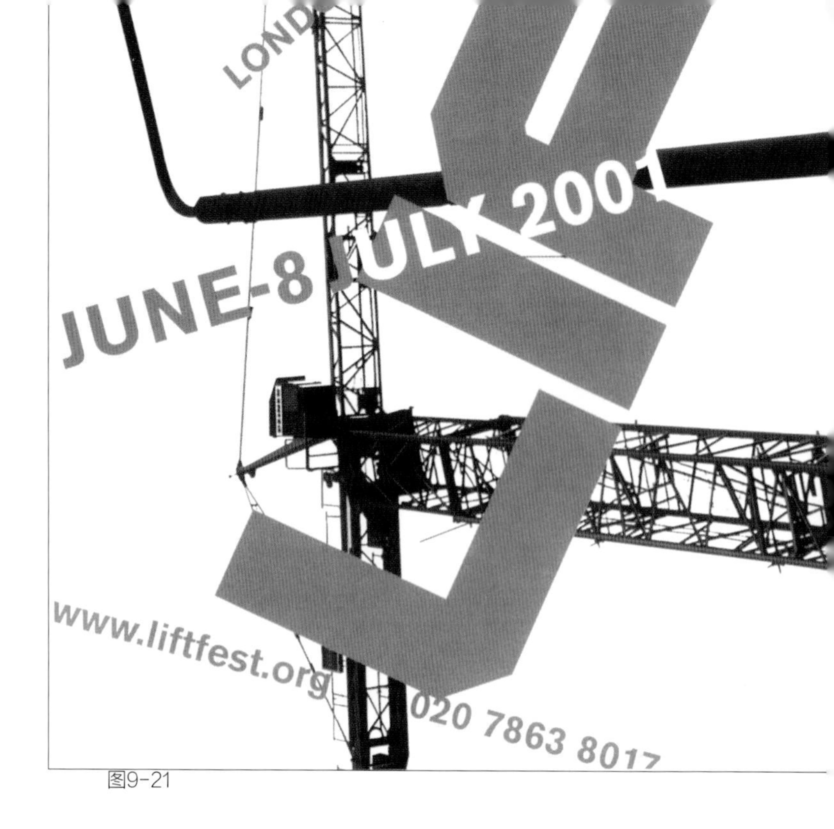

图9-21

图9-21 标识的设计、文字的纵横编排都采用强烈夸张的手法，个性张扬，画面张力强。
图9-22 字的排列呈现不一样的方向，渐变的色彩打破色调的单调，使内容不多的画面不显得空洞。
图9-23 多维的空间，打破常规的视觉度，令版面具有强烈的冲击力和吸引力，文字细节的编排令版面丰富而不失整体性。充分表达了设计内涵与设计师强烈的个性。

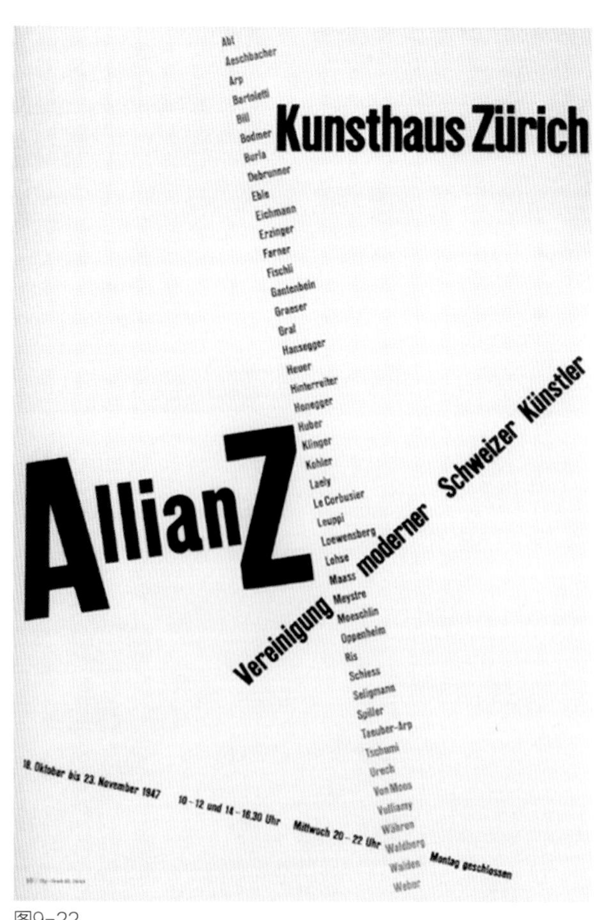

图9-22

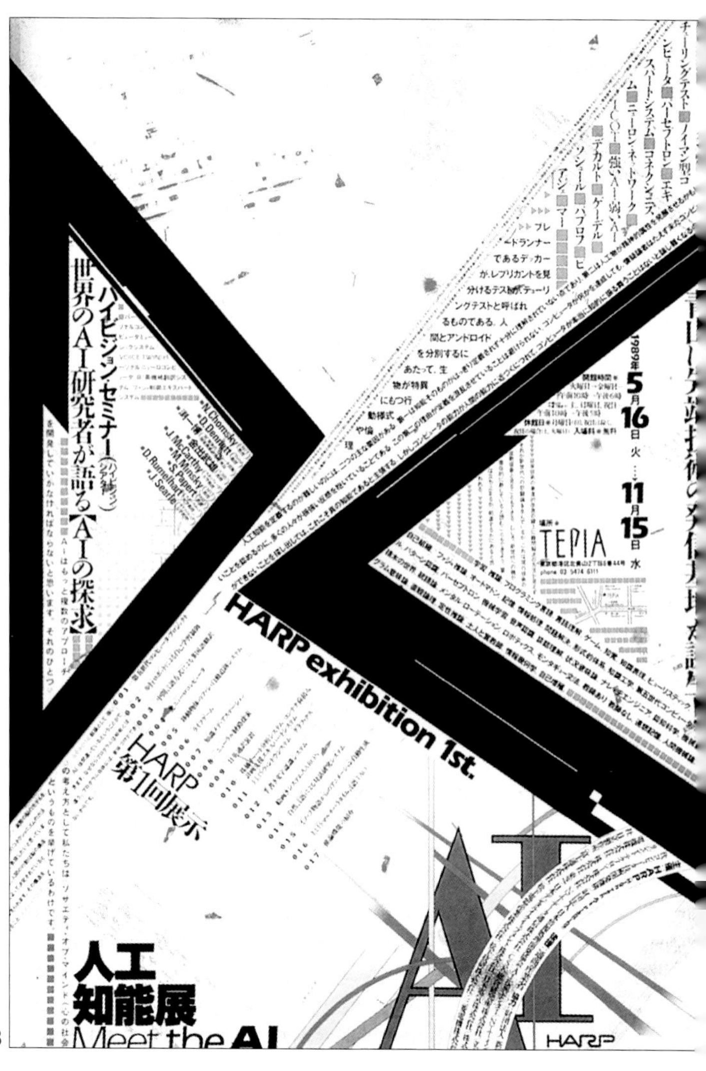

图9-23

图9-24

图9-24 红色的色块打破了二维空间的单一，使画面具有立体感，生动又有活力。（选自《版式设计：给你灵感的全球最佳版式创意方案》，作者：王绍强）

图9-25

图9-26

图9-25 设计充分体现了空间的复杂性和矛盾性。（设计：Raum Mannheim）
图9-26 难以阅读的复杂矛盾空间。

教学目标与要求

通过前期编排理论的学习和练习，希望学生通过具体的商业设计来检验前期理论知识学习的情况，要求设计作业必须要有针对性，有目的性，克服设计的自我盲目性。商业设计是为商业，为消费者服务，所以设计的手册应有较强的阅读性，才能被顾客所接受。通过老师对设计作业的指导，学生在不断地改进中提高编排技能。

教学过程中应把握的重点

1.准确把握手册设计的要求与设计风格。

2.学生最难把握的是对版面整体的设计布局，常常只注意设计细节表现，忽略整体设计，使版面显得花哨琐碎，所以要加强编排设计的整体性与注意版面结构的简略。

3.画面主色调必须明确，色彩过多则无调性，也显得低俗。

思考题、讨论题

1.优秀的版面其创意常借助对文版的编排来表现，请对这些版面结合主题以及它们运用的手法或风格进行分析。

2.西方后现代观念意识对本土平面设计风格的影响体现在哪些方面?

3.分析当下流行的版面设计风格有哪些特征。

后记

曾在教大学本科设计专业四年级的一次设计课时，我发现学生们对版面编排布局的能力非常差，我感到十分惊讶。即将毕业了，这样的水平如何去面对新的工作？但当时国内的设计院校还没有开设版面编排课，没有系统的编排教学理论。从这以后，我开始留意版式，注意收集版式方面的资料，并编写教案。1992年，我辅导的一个大专班在经过四周的学习训练后，学生们的作业有了很大的进步，这给了我很大的信心和继续研究的动力。很幸运，在西南师范大学出版社推出“21世纪 · 设计家丛书”时，我选择了版式设计这个课题，这给了我系统研究版式的机会。但由于版式设计在当时还是一门新的学科，编写工作给我带来了很大的压力，所遇到的困难是可想而知的，而我从编写此书中所获得的收益却更是无法估量的。

9年过去了，我很高兴地看到国内的设计院校都普遍开设了版式设计课程。版式设计也得到了设计教育界的高度重视，为适应新的设计发展的需要，《版式设计》一书重新改版，调整与新增了一些章节和图例。

在编写过程中，选用了大量杰出设计师的佳作，而这些作品具有很高的艺术价值和案例代表性，在这里，谨向每一位进行开创性版式研究的设计者致以崇高的敬意，感谢他们在设计上不懈的探索给了我们灵感与启迪，使世界的平面设计水平日新月异。

最后，感谢四川美术学院设计学院李巍教授给予的指导。感谢在编写过程中给予过帮助和关心的王焰冰、丁树添以及本书的责任编辑的大力支持。

在第一章“版式设计概述”中增加对“后现代主义设计风格”更为详尽的阐述并增加图例说明。原第二章“版面设计的组织原则”去掉，第二章改为“版式设计的编排构成”并去掉“自由构成”一个小节，“面的编排构成”中替换了部分图例。第四章“版式设计的视觉流程”中替换了部分图例。第五章“版式设计的编排形式法则”中“虚实与留白”一节中有更深入的阐述及增加了相应的图片，第六章“文字的编排构成”及第七章“图版的编排构成”替换了部分图例，第九章“现代版式的设计观念”去掉“逆向视觉角度”及“网页版面的互动性”两个小节，其余小节替换了部分图例。全书更新约三成的图例。

参考文献

1.杨敏.版式设计[M].重庆：西南师范大学出版社，2005.
2.[英]卡洛琳 · 耐特，杰西卡 · 格莱瑟.版式设计：合适最好[M].北京：中国纺织出版社，2014.
3.日本视觉设计研究所.版面设计基础[M].北京：中国青年出版社，2004.

ART & DESIGN SERIES

图书在版编目（CIP）数据

版式设计 / 杨敏编著. -- 4版. -- 重庆 : 西南师范大学出版社，2015.8（2016.9重印）
ISBN 978-7-5621-7539-1

Ⅰ. ①版… Ⅱ. ①杨… Ⅲ. ①版式－设计 Ⅳ. ①TS881

中国版本图书馆CIP数据核字(2015)第172767号

新世纪版／设计家丛书
版式设计 杨敏 编著
BANSHI SHEJI
责任编辑：王正端 刘夏影
整体设计：汪 泓 王正端
排 版：重庆大雅数码印刷有限公司 · 刘锐
出版发行：西南师范大学出版社
地 址：重庆市北碚区天生路 2 号 邮政编码：400715
本社网址：http：//www.xscbs.com 电话：（023）68860895
网上书店：http：//xnsfdxcbs.tmall.com 传真：（023）68208984
经 销：新华书店
印 刷：重庆康豪彩印有限公司
开 本：889mm × 1194mm 1/16
印 张：9
字 数：176 千字
版 次：2015 年 8 月 第 4 版
印 次：2016 年 9 月 第 2 次印刷
ISBN 978-7-5621-7539-1
定 价：58.00 元

本书如有印装质量问题，请与我社读者服务部联系更换。读者服务部电话：(023)68252507
市场营销部电话：(023)68868624 68253705

西南师范大学出版社正端美术工作室欢迎赐稿，出版教材及学术著作等。
正端美术工作室电话：(023)68254657(办) 13709418041(手) QQ：1175621129